科技梦·中国梦

中国现代科学家主题展画册

王春法　张藜　主编

中国科学技术出版社
·北京·

图书在版编目（CIP）数据

科技梦·中国梦：中国现代科学家主题展画册 / 王春法，张黎主编 . — 北京：中国科学技术出版社，2016.8

ISBN 978-7-5046-7026-7

Ⅰ. ①科…　Ⅱ. ①王…　②张…　Ⅲ. ①科学技术—技术史—中国—现代—画册
Ⅳ. ① N092-64

中国版本图书馆 CIP 数据核字（2016）第 113283 号

策划编辑	许　慧
责任编辑	韩　颖
装帧设计	中文天地
责任校对	刘洪岩
责任印制	张建农

出　　版	中国科学技术出版社
发　　行	中国科学技术出版社发行部
地　　址	北京市海淀区中关村南大街16号
邮　　编	100081
发行电话	010-62173865
传　　真	010-62179148
网　　址	http://www.cspbooks.com.cn

开　　本	787mm×1092mm　1/16
字　　数	300千字
印　　张	16
版　　次	2017年1月第1版
印　　次	2017年1月第1次印刷
印　　刷	北京盛通印刷股份有限公司
书　　号	ISBN 978-7-5046-7026-7 / K·204
定　　价	88.00元

科技梦·中国梦
中国现代科学家主题展

主　　编：王春法　张　藜

总 顾 问：樊洪业

总 编 撰：张　藜　王传超

编　　撰：罗兴波　张佳静　刘　洋

总 监 制：许向阳　张利洁

监　　制：沈林芑　董亚峥

技术支持：吕瑞花

展览制作：何素兴　侯亚楠　英　子

画册装帧：段文超

科技梦·中国梦
中国现代科学家主题展

主办单位

中国科学技术协会

中华人民共和国教育部

中华人民共和国财政部

中华人民共和国文化部

国务院国有资产监督管理委员会

中国人民解放军总政治部

中国科学院

中国工程院

国家自然科学基金委员会

承办单位

中国科协创新战略研究院

中国科学院大学

北京市科学技术协会

老科学家学术成长资料采集工程

简 介

　　老科学家学术成长资料采集工程（以下简称"采集工程"）是根据国务院领导同志的指示精神，由国家科教领导小组于 2010 年正式启动，中国科协牵头，联合中组部、教育部、科技部、工信部、财政部、文化部、国资委、解放军总政治部、中国科学院、中国工程院、国家自然科学基金委员会 11 部委共同实施的一项抢救性工程，旨在通过实物采集、口述访谈、录音录像等方法，把反映老科学家学术成长历程的关键事件、重要节点、师承关系等各方面的资料保存下来，为深入研究科技人才成长规律，宣传优秀科技人物提供第一手资料和原始素材。

　　采集工程是一项开创性工作。为确保采集工作规范科学，启动之初即成立了由中国科协主要领导任组长、12 个部委分管领导任成员的领导小组，负责采集工程的宏观指导和重要政策措施制定，同时成立领导小组专家委员会负责采集原则确定、采集名单审定和学术咨询，委托科学史学者承担学术指导与组织工作，建立专门的馆藏基地确保采集资料的永久性收藏和提供使用，并研究制定了《采集工作流程》、《采集工作规范》等一系列基础文件，作为采集人员的工作指南。截至 2016 年 6 月，已启动 400 多位老科学家的学术成长资料采集工作，获得手稿、书信等实物原件资料 73968 件，数字化资料 178326 件，视频资料 4037 小时，音频资料 4963 小时，具有重要的史料价值。

采集工程的成果目前主要有三种体现形式，一是建设"中国科学家博物馆网络版"，提供学术研究和弘扬科学精神、宣传科学家之用；二是编辑制作科学家专题资料片系列，以视频形式播出；三是研究撰写客观反映老科学家学术成长经历的研究报告，以学术传记的形式，与中国科学院、中国工程院联合出版。随着采集工程的不断拓展和深入，将有更多形式的采集成果问世，为社会公众了解老科学家的感人事迹，探索科技人才成长规律，研究中国科技事业的发展历程提供客观翔实的史料支撑。

科技梦·中国梦

中国现代科学家主题展

主办单位: 中国科学技术协会、中华人民共和国教育部、中华人民共和国财政部、中华人民共和国文化部、国务院国有资产监督管理委员会
中国人民解放军总政治部、中国科学院、中国工程院、国家自然科学基金委员会

承办单位: 中国科学院自然科学史研究所、中国科学技术史学会、北京市科学技术协会

目　录

序

让播火者的动人风采成为永恒

如果从 1913 年北平地质调查所筹备成立算起，现代科学在中国的建制化进程已经整整 100 年了。在这期间，一代又一代的中国科学家们承受了怎样的历史命运、历史责任和历史担当，中国现代科学技术事业的发展经历了怎样的艰难与梦想、奋进与辉煌，社会公众大多并不了解，即使专业的科技工作者也很可能知之甚少。

为更好地展现中国现代科学家为科技进步、国家富强、民族复兴所作出的突出贡献，调动激发科技界为实现中华民族伟大复兴的中国梦而努力奋斗的创新热情和创造活力，激励广大科技工作者自觉践行社会主义核心价值观，引导公众更好地理解科学、参与科学、支持科学，在全社会营造尊重知识、尊重人才的良好环境，用中国梦引领科技梦，用科技梦助推中国梦。2013 年 12 月至 2014 年 1 月，中国科协联合教育部、财政部、文化部、国资委、中科院、工程院、解放军总政治部、自然科学基金会等 8 个部委在国家博物馆共同主办了"科技梦·中国梦——中国现代科学家主题展"。这是共和国历史上第一次以科学家群体为主题的大型展览，是为广大科技工作者奉献的一场科学精神的盛宴，也是为社会公众提供的一个感受科学、理解科学、献身科学的生动课堂。

在这里，我们看到了中国现代科学事业的"开路小工"们。正是他们创办了中国第一个现代科研机构——地质调查所，创建了中国第一个现代科技社团——中国科学社，办起了20世纪前半叶中国影响最大的综合性科技刊物——《科学》杂志，开启了中国现代科学教育事业，让科学的旗帜高高扬起，把科学救国的火种播散到中华大地上。

在这里，我们看到了动荡年代的科教战士们。国难当头时，书生报国日。在艰苦卓绝的抗战岁月里，他们或投笔从戎、身赴国难，或坚守岗位、弦歌不辍，在颠沛流离中保存了国家科学事业的火种，肩负起了救亡图存的使命，为国家、为民族奉献出了自己的智慧、鲜血，甚至生命。

在这里，我们看到了共和国科技事业的一代开拓者和奠基人。百废待兴时，学成归国日，他们以强烈的使命感和赤诚的爱国心，心向祖国，义无反顾地投身社会主义建设事业，向现代科学进军，参与制定和实施十二年远景规划，瞄准国际前沿，填补空白学科，在积贫积弱的旧有基础上建立起完整的现代科学技术体系，以学识和热血参与和见证了新中国科技事业的奋进史。

在这里，我们看到了"科学的春天"里的创业者和弄潮儿。在改革开放的伟大进程中，面对滚滚而来的新科技革命大潮，老科学家们布局谋篇，调配人才；中年学人厚积薄发，奋力攻关，商海弄潮；海外学人奔走中西，提携后进、作育人才；年轻一代积极向学，以期报国。一时间，群英云集、老少同心，奋勇争先，努力攀登，取得了举世瞩目的科技成就，开创了中国科技事业发展的全新年代，为实施科教兴国战略绘就浓墨重彩。

展览在社会上引起强烈反响，也在科技工作者中间激起强烈共鸣。中共中央政治局委员、国务院副总理刘延东同志也亲临观展并发表重要讲话，充分肯定展览的重要意义并明确要求组织好全国巡展，作为科技界践行弘扬社会主义核心价值观的重要举措，引导社会公众和广大青少年充分认识科学技术在实现中国梦中的重要作用，继承和发扬老一代科学家爱国奉献、求真务实的科学精神，为实现中华民族伟大复兴的中国梦而努力奋斗。观众们也慷慨留言，"科学家的爱国热诚、丰功伟绩令人感动，应该多展几天，教育更多的人，建议编成书，使更多的人受益"、"一定要全国巡展，太好，太有必要了"、"建议设常展，建议设巡展，受教了，谢谢"等。陈可冀院士在参观完展览后激动地说："展览非常精彩，弘扬了科学精神，学习到很多，收获很大。"在随后举办的全国巡展中，许多科学家和社会公众更加深入地了解中国科技工作者的精神世界和职业特质。中国工程院院士王家耀观展后感慨寄语科技工作者，"科学家要有三颗心。一是爱国之心，你必须爱自己的国家，科研是为国家富强服务的；二是爱民之心，科学是为人民服务的，离开了广大人民群众就没有了用武之地；三是爱科学之心，要把毕生精力用于科学研究，探索科学规律，取得科学成果，才能真正体现你的爱国、爱民。"中国工程院院士、新疆大学维吾尔族教授吾守尔·斯拉木观展后表示，"老一辈科学家的事迹生动感人，我要向他们学习，把毕生精力献给新疆的计算机信息处理事业，努力为新疆的社会稳定和长治久安多做贡献。"一名来自企业的科技工作者在留言簿上写道："科学的种子，犹如宇宙的繁星，扎根于人民心中，国家的富强，民族的振兴，指日可待。老一辈科学家的人生轨迹，无疑是我人生前行的明灯，为今后工作的发展，指明了方向。"

需要说明的是，中国现代科学家主题展是以老科学家学术成长资料采集工程为依托策划设计的，是把学术性和大众性有机结合的成功尝试。采集工程是在2009年刘延东同志向时任总理温家宝同志建议批准实施的，也是国务院交给中国科协的一项重要工作，旨在通过有组织的采集工作把反映老科学家学术成长经历的文字资料、音像资料、实物资料和图片资料系统收集整理出来，从中探索科技人才成长规律，为做好科技人物宣传积累素材，汇集共和国科技史料。老科学家是共和国科技发展历史的活档案，通过实施采集工程，既能把党和政府对老科学家的关心爱护送到他们的心坎里，也可以收集保存一大批反映我国现代科技发展历史的珍贵资料，是一项名副其实的民心工程。经过近六年的不懈努力，中国科协已经牵头启动了400多位老科学家的采集工作，获得各类手稿、书信、笔记、图片等实物原件资料5万多件，数字化资料13万余件，音视频资料18万余分钟，许多资料弥足珍贵。这是真正地对老科学家负责、对社会负责、对历史负责，有助于把科协组织建设成为对科技工作者具有强大吸引力和凝聚力的情感家园和精神家园。

值此中国现代科学家主题展全国巡展即将完成之际，应广大科技工作者和社会公众的强烈要求，我们把展览图片汇编成册公开出版，让展览永不落幕。站在百年梦想的新起点上，中国的科技界正大步走向世

　　百年激荡，恢弘壮阔，中国人民谱写了一部追求国家富强、民族复兴和人民幸福的伟大史诗。在这一震古烁今、扣人心弦的鸿篇巨制中，科技事业的发展壮大一直是激昂向上、催人奋进的主旋律之一。建设富强文明的新中国有赖于科技事业的发展进步，科技事业的发展又需要规模庞大、学有专长的职业科学家群体，需要他们的潜心研究与无私奉献。为进一步弘扬我国科学家求真务实、爱国奉献的崇高精神和与国家民族荣辱与共的高尚情怀，展示他们为科技进步、国家发展所作出的突出贡献，引导社会公众理解科学、参与科学、支持科学，我们组织了此次展览。

　　近代以来的中华民族复兴史，也是中国科学事业从无到有、从弱到强的创业史，是中国现代科学家群体诞生、发展、壮大的成长史。本展览按照 20 世纪中国社会发展的脉络，运用个性化、可视化的历史资料，把个人成长的小历史与国家发展的大历史有机结合起来，概要介绍中国职业科学家群体形成、演进的曲折历程，讲述他们为国家民族复兴所付出的艰苦努力与作出的突出贡献。走近一位位有血有肉、个性鲜明的科学家，我们不仅可以深入了解他们的学术生涯和精神世界，还将近距离感受百年以来中国科学事业的艰难与梦想、奋进与辉煌！

伴随着鸦片战争的隆隆炮声，救亡图存、民族复兴成为时代赋予中国人的历史重任，越来越多的有识之士认识到现代科学技术在民族独立、国家富强历史进程中的重要作用，千方百计将现代科学技术的火种引入中国。在这些"普罗米修斯"的引导下，国人开始积极主动地学习外来科技与文明，从"师夷长技以制夷"的洋务运动，到高举"民主""科学"两面旗帜的新文化运动，现代科学知识在中华大地上快速传播，渐成燎原之势。

序 篇

播撒现代科学的种子

（19世纪末—20世纪初）

◎ 翻译西方科技书籍是把现代科学技术引入中国的重要途径。上海江南制造局附设的翻译馆译书极多，图为该馆中方骨干成员，右起：徐寿、华蘅芳、徐建寅。

◎ 英国传教士傅兰雅长期任职于江南制造局翻译馆，与徐寿等人合作，翻译了大量科技著作。

◎ 明清时期，传统理学中的"格致"一词曾被长期用以指代引进的科技知识，直到民国初年才废止。图为晚清时期的科技刊物。

◎ 图为康有为的《日本书目志》（1897年）。现代汉语中以"科学"指代西方的Science即起自该书，系承袭日文汉字而来。

◎ 出国留学是把现代科学技术引入中国的又一重要途径。1847 年，自幼在澳门接受西式教育的容闳随布朗牧师赴美留学，学成后回国参与洋务运动，在曾国藩等人支持下积极组织幼童赴美国读书，并由此培养出詹天佑、唐国安等一批人才。图为 1854 年耶鲁大学毕业时的容闳。

◎ 图为 1872 年容闳组织的首批留美幼童出国前合影，其中有后来的"中国铁路之父"詹天佑。

传播带来启蒙。越来越多的有识之士认识到现代科学技术的重要和西方文化完全不同于中国传统文化，开始漂洋过海，去异域捡拾科学技术的火种，并将它带回中国。

◎ 1905 年，詹天佑（前排右 3）设计了中国第一条自行修筑的铁路——京张铁路。图为他带队验收该路工程。

◎ 1908 年起，美国以返还方式拿出部分《辛丑条约》赔款（即"庚款"）资助中国留学生。图为 1909 年第一批庚款留美学生合影。前排的唐介臣即留美幼童唐国安，他参与筹划了"庚款留美"，并先后主持游美学务处、清华学堂。

◎ 留学生对中国社会产生了很大影响，严复（左图）即其中之一，他在翻译《天演论》（右图）时所用"物竞天择，适者生存"一语在 20 世纪初的中国深入人心，激励几代中国人为中华民族的"救亡图存"而奋斗。

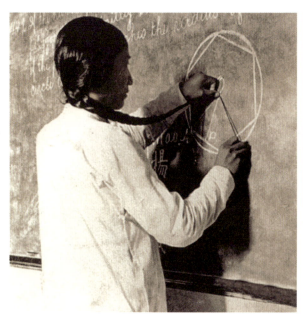

◎ 接受新式教育，却又着旧装，正是变革时代的缩影。图为清末课堂上教员以辫子作为圆规制图。

◎ 图为刊于 1911 年《留美学生月刊》的漫画《她的理想》。画中人手持毕业文凭，隔洋远眺龙旗飘扬的祖国，想象着回国后传播科技之光，让故国独立富强。她的理想，正是 20 世纪以来中国科技界几代人的梦想。

　　20 世纪初，以废科举、兴学堂为标志的教育改革和新文化运动，从根本上改变了国人的知识结构，将旧读书人造就为近代知识分子，进而促成了中国社会的深刻转型。

20 世纪 10 年代，在对"赛先生"的热烈欢呼声中，先师先圣的牌位渐次褪色，四书五经的琅琅读书声也日益远去，欧风美雨扑面而来，科学之路昌大光明，声势浩大的教育革命使国人的知识结构开始发生根本转变，雨后春笋般的新学堂把原来以科举入仕为唯一正途的旧士人阶层送入历史，汹涌澎湃的留学大潮则把现代知识分子群体推上了新世纪的舞台。

从传统社会向现代社会变迁的"时势"，造就了中国现代科技史上的一代"英雄"。在 20 世纪 10—20 年代登上历史舞台的中国第一代科学家，在致力提升科学教育水平的同时，也在不断借鉴西方先进国家的经验，探索现代科学技术在中国实现本土化的道路，创建科研机构，组织科技团体，开展学术交流，推进制度建设，为中国现代科技事业打造了起步的基础。在社会各方的共同努力下，现代科学在中国社会开始扎下根来。

第一章

让现代科学扎根中国

（20世纪10—30年代中期）

中国科学技术事业的拓荒者

　　在 20 世纪初开始接受新式学堂教育、随后又于 1910 年前后出国留学的青年学子，在 20 世纪 10 年代末纷纷学成归国，在引发新文化运动的同时，相当数量的佼佼者以中国第一代现代科学家的身份登上历史舞台，成为中国现代科学技术事业的奠基人。

中国第一代现代科学家

　　民国初年，留学生们学成归来，集中登上中国科学舞台，开始从各个方面推动科学技术建制化进程，构成了中国第一代本土科学家的主体，我国的现代科技事业由此肇始。

姓名	生卒时间	省籍	就读大学	留学经费	出国时间	留学专业	最高学位	最高学位颁发机构
……								
秉志[1,2,3,4]	1886~1965	河南开封	美国康奈尔大学	庚款	1909	昆虫学	博士	美国康奈尔大学
翁文灏[1,2,3]	1889~1971	浙江鄞县	比利时鲁汶大学	官费	1908	地质学	博士	比利时鲁汶大学
李四光[1,2,3,4]	1889~1971	湖北黄冈	东京宏文学院普通科、大阪高等工业学校	官费	1904	造船机械(在日本),采矿、地质学(在英国)	硕士	英国伯明翰大学
李书华[1,2,3]	1889~1979	河北昌黎	法国图卢兹大学	官费	1913	物理学	博士	法国巴黎大学
竺可桢[1,2,3,4]	1890~1974	浙江绍兴	美国伊利诺伊大学	庚款	1910	先农业, 后改气象学	博士	美国哈佛大学
饶毓泰[3,4]	1891~1968	江西临川	美国芝加哥大学	官费	1913	物理学	博士	美国普林斯顿大学
周仁[1,2,3,4]	1892~1973	江苏江宁	美国康奈尔大学	庚款	1910	先机械学, 后改学冶金	硕士	美国康奈尔大学
胡先骕[1,2,3]	1894~1968	江西南昌	美国加州大学柏克利分校	官费	1913	植物分类学	博士	美国哈佛大学
凌鸿勋[1,2,3]	1894~1981	广东番禺	上海高等实业学堂	官费	1915	美国桥梁公司实习		曾在美国哥伦比亚大学选课
茅以升[2,3,4]	1896~1989	江苏丹徒	美国康奈尔大学	庚款	1916	桥梁专业	博士	美国卡内基理工学院
叶企孙[1,2,3,4]	1898~1977	上海	美国芝加哥大学	庚款	1918	物理学	博士	美国哈佛大学
……								

　　注 ①1935年中央研究院第一届评议会评议员；
　　　②1940年中央研究院第二届评议会评议员；
　　　③1948年中央研究院院士；
　　　④1955年中国科学院学部委员。

第一批洋博士

◎ 胡明复是我国第一位以数学论文获得博士学位的留学生。1910 年入康奈尔大学文理学院学习，后入哈佛大学研究院专攻数学，1918 年完成博士论文。左起为胡彬夏、胡宪生、胡刚复、胡明复，在哈佛留影，姐弟 4 人与兄长胡敦复先后考取官费留美。

◎ 图为我国第一位地质学博士翁文灏。1908 年入比利时鲁汶大学，1912 年获自然科学博士学位后回国。

◎ 图为我国首位获得博士学位的女留学生王季茝。1907 年考取官费留美，1910 年入威尔士利学院学习数学与艺术，1914 年获学士学位后入芝加哥大学学习食品化学，1918 年获博士学位，论文是《中国皮蛋和可食用燕窝的化学研究》。

◎ 李复几是我国第一位物理学博士。他 1901 年赴英深造，后转赴德国并于 1906 年入波恩大学艺术系自然科学专业，次年完成博士论文。左图为 1898 年李复几（右）与叔父李维格在上海合影。右图为 1901 年南洋公学督办盛宣怀就李复几等人留学事宜的发函。

创办中国第一个现代科研机构——地质调查所

德国地理学家、地质学家李希霍芬曾于清末用四年时间游历中国 14 省，并完成巨著《中国》。他有一种偏见："中国读书人专好安坐室内，不肯劳动身体，所以其他科学也许能在中国发展，但要中国人自己做地质调查则希望甚少。"1913 年，丁文江发起筹建地质调查所同时开办研究所，培养地质人才，以实际行动证明事实并非如此。地质调查所是我国第一个现代意义上的科学研究机构。

◎ 图为地质调查所早期办公地点，位于北京兵马司胡同 9 号。

◎ 除自己培养人才外，地质调查所还积极从国外引进国际知名地质学家来华工作，其中安特生、葛利普、德日进等人为中国的地质调查事业和人才培养作出了很大贡献。图为 1933 年地质调查所同仁在北平葛利普寓所合影。前排左起：章鸿钊、丁文江、葛利普、翁文灏、德日进。

送嘉定秦君汾東歸序

嘉定秦君汾自美洲來歐居一載行將東歸余再拜楷首而進言曰今之所謂遊學者吾知之矣挾父兄之積餘濫吾民之膏脂鮮衣美服華屋逸居出必乘食必數簋夕則逍遙於歌舞之場日則馳騁於通都之肆友不擇人言不及義以婦女酒肉相徵逐以富貴利達相期旣此遊而不學者也吾惡而痛之好大言自喜以意氣自負勇動於氣義形乎色酒酣則

◎ 丁文江于 1907—1911 年在英国格拉斯哥大学攻读动物学及地质学，获双学士学位。1936 年在为准备抗战进行野外考察时以身殉职。左图为 1910 年丁氏送友人归国所写的一篇序文（局部）。下图为丁文江（右）在西南考察时与彝族向导在一起。

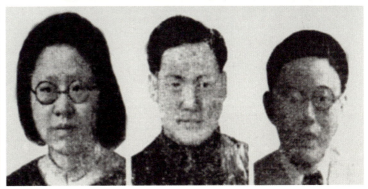

◎ 民国时期地质学家们在工作中不仅处处要与恶劣的野外环境作斗争，还经常面对军阀、土匪等势力的刁难与威胁，很多人为此付出生命。左图为 1929 年在云南昭通遇害的赵亚曾，右图为 1944 年在贵州盘县牺牲的马以思、陈康、许德佑。他们都是很有才华的年轻人，马以思是极罕见的女地质学家，兼通六种文字，在中央大学学习时曾获 28 次校考第一，遇害时年仅 26 岁。

组建民国时期影响最大的科技社团——中国科学社

『开路小工』 中国科学社重要成员、数学家胡明复这样形容第一代本土科学家："我们不幸生在现在的中国，只可做点提倡和鼓吹科学研究的劳动。现在科学社的职员社员不过是开路小工……中国的科学将来果能与西人并驾齐驱、造福人类，便是今日努力科学社的一班无名小工的报酬。"

　　现代科学技术事业，无论是开展研究，还是推广普及，都越来越依赖于团体协作，因此科技社团很早就为我国有识之士所倚重。1915 年，中国科学社在美国成立，是我国较早的科技社团，后来成为 20 世纪前半叶中国影响最大的全国性、综合性学术团体。1918 年后，其骨干成员陆续学成归国，开始在本土全面推进科学技术事业。

◎ 1916 年 9 月中国科学社在美国首次年会合影。前排左 4 为赵元任、左 5 为任鸿隽，二排左 5 为胡明复，三人均被选为董事。

◎ 1915 年 1 月《科学》创刊号在上海发行。它是 20 世纪前半叶中国影响最大的综合性科学杂志。

◎ 1933 年创刊的《科学画报》。这是一份旨在传播科学的普及性刊物。

◎ 1915 年 9 月 10 日美国发明家爱迪生写给赵元任的信，对《科学》创刊表示祝贺。

第一次举办国际学术会议

◎ 1911 年 4 月，在奉天（今沈阳）举行万国鼠疫研究会，不仅及时总结研讨了控制东北鼠疫大流行的防治经验与发现的各种问题，更使当时积贫积弱的中国有机会向世界展示其追求现代科学与国际合作的新形象。大会形成的 500 页英文报告书，如今已成为人类流行病学研究的经典。图中居中右者为大会主席伍连德，会场上方悬挂与会各国国旗。

第一次集体亮相国际学术界

◎ 1926 年 10 月至 11 月，中国科学社、中华学艺社等学术团体组团赴日本东京参加第三次太平洋科学会议，这是我国第一个走出国门的科学代表团。图为中国代表团全体成员合影。前排左起：任鸿隽、秦汾、胡先骕、翁文灏；后排左起：薛德焴、竺可桢、王一林、魏嵒寿、陈焕镛、沈宗瀚。新生的中国科学家群体从一开始就努力要在世界科学界占有一席之地，要在国际科学会议上发出中国科学家自己的声音。

开启科学教育

　　1922 年颁行的壬戌学制，是五四运动教育改革的成果，标志着中国现代学制体系建设的基本完成。制度化的科学教育得以确立，开始源源不断地为中国科学技术事业输送合格人才。

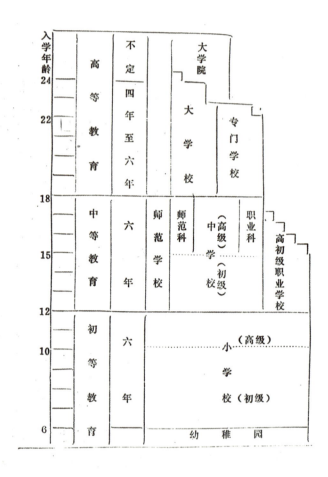

◎ 1922 年壬戌学制系统图。

◎ 1913 年壬子癸丑学制下的课程表。

科学的启蒙——中小学

学童们在新式中小学里，不仅能够按照近代学科分类获得系统的知识结构，还通过新引入课堂的实验方法养成了重视实践、积极动手的习惯，并辅以丰富多彩的课外活动，很多人由此成长为全面发展的新人才，成为中国未来的科技英才。

◎ 图为1921年起随父亲在自家私塾读书的叶培大，由此打下了国学基础。1923年改上小学校接受新式教育。

◎ 中学毕业时，闵恩泽给同学留言"为学必先会疑"。

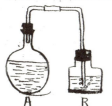

◎ 左图为张直中就读于上海光华大学附中时发表的多篇论文之一。右图为中学时代的张直中。

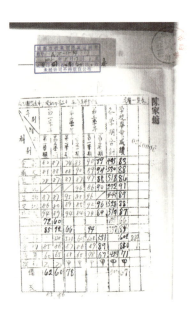

◎ 左图为陈家镛1936年在成都县立中学校的毕业成绩单。

◎ 图为1936年6月王文采（左）与济南市第十三小学同班同学赵克文合影，赵身着童子军军服。

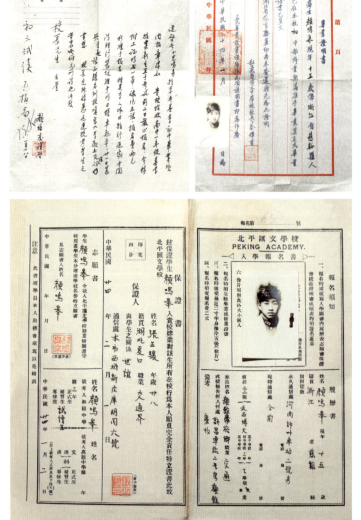

◎ 早期没有统一的升学考试，学生可自由选择学校。1935年颜鸣皋在武昌博文中学初中毕业之后，为了升入较好的高中，带着父亲的推荐信（左上图）和博文中学的毕业证明（右上图）只身来到北平，到汇文中学旁听（下图）。

新式科技人才的摇篮——大学

教授们

　　到 20 世纪 30 年代，中国已经形成了一个包括国立大学、省立大学、私立大学的独特高等教育体系，学校的培养风格差异很大，招生的自主性也很强，为学子们提供了很多自由选择的机会。在教书育人的同时，大学还陆续成立研究所、实验室，汇聚大批科技人才，成为民国时期科技事业的主体力量之一。

◎ 中央大学棉作研究室。

◎ 复旦大学化学实验室。

◎ 同济大学生理教室。

◎ 昆虫学家、燕京大学
生物学系主任胡经甫
在研究室工作。

◎ 1931年清华大学部分教授在清华北
院合影：施嘉炀（水利发电学，左1）、
周培源（物理学，右3）、萨本栋（物
理学，右2）。

◎ 北洋大学机械实验室。

学生们

　　成长于新旧交替时代的青年学子们，勇立时代潮头，怀抱经世济民、科学报国的满腔热情，亲炙系统完善的现代知识，熏染存疑实证的科学精神，肩负了当时国人对美好未来的憧憬。

◎ 1930 年前后浙江大学化学工程系学生　◎ 1933 年前后周尧在江苏南通大学农学院进行棉田实验。
　　邵象华制作航模。

◎ 1934 年庄巧生获福建省教育厅第三届清寒学生大　◎ 1929 年北洋大学矿业系毕业班毕业实习时参观辽宁本溪钢铁公司，站立
　　学奖学金，入金陵大学农学院。图为 1935 年在该　　右 3 为魏寿昆。
　　院大楼前。

◎ 1936 年北京大学地质系一年级学生在北
京南口实习时在詹天佑铜像前，右 2 为
王鸿祯。

◎ 1936 年暑假南京中央大学地质系大三学生郭令智在莫干山野外实习。

◎ 1936 年清华大学物理系部分师生在
科学馆前。

第 5 排左起：秦馨菱、戴振铎、郑曾
同、林家翘、王天眷、刘绍唐、何成
钧、刘庆龄。

第 4 排左起：方俊奎、池钟瀛、周长
宁、钱伟长、熊大缜、张恩虬、李崇
淮、沈洪涛。

第 3 排左起：赫崇本、张石城、张景廉、
傅承义、彭桓武、陈芳允、夏绳武。

第 2 排左起：周培源、赵忠尧、叶企孙、
任之恭、吴有训、何家麟、顾柏岩。

第 1 排左起：陈亚伦、杨镇邦、王大
珩、戴中扆、钱三强、杨龙生、张韵
芝、孙湘。

其中 13 人后来成为中国科学院院士，
4 人获得"两弹一星"功勋奖章。

◎ 图为汤定元的中央大学学籍卡。入学考试英语为零分，
但物理和其他科目成绩较高，被破格录取。

在新学制下，高等教育也逐步走上规范化的道路，并开始自行培养研究生。

◎ 中山大学研究院 1936 年度　◎ 1928 年燕京大学研究院同学合影。
招生简章（首页）。

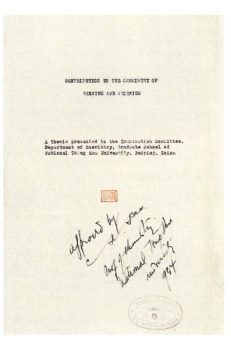

◎ 1931 年张青莲考入清华大学研究院。左图为 1933 年他在清华大学新建的化学馆实验室中。中图为其研究生论文及导师签字。
右图为其研究生论文导师、无机化学家高崇熙。

　　接受了新式教育的大学生，是社会的精英，是时代的骄子。他们或踏着前辈的足迹负笈海外，或积极投身国家建设，在实践中很快成长起来。

为中国科学体制奠基

　　科学发展的大潮浩浩荡荡，科学救国的理念深入人心，中国科技事业的先驱们筚路蓝缕，奋力推进，到 20 世纪二三十年代，终于使现代科学体制在我国初步确立起来。南京国民政府成立后，中国在形式上实现统一，获得了一段相对平静的发展时期。中国科技界无论在学术组织，还是在科学家个人的研究事业方面，都取得了不俗的业绩。

创办国家科研机构——中央研究院

　　1928 年 6 月 9 日，蔡元培宣布国立中央研究院成立，这标志着现代科学体制在中国的初步确立，第一代科学家群体的开路工作取得了阶段性成果。截至抗战全面爆发，该院共建立了物理、化学、工程、地质、天文、气象、历史语言、心理、社会科学、动植物 10 个研究所。

◎ 蔡元培早年为清末翰林，后为辛亥革命元勋。民国建立后投身教育、科学事业，先后主持北京大学、中央研究院等机构，崇尚"思想自由，兼容并包"，为现代科教事业作出了卓越贡献，毛泽东誉之为"学界泰斗，人世楷模"。左图为 1928 年时的蔡元培。右图为其主持中央研究院评议会会议。

 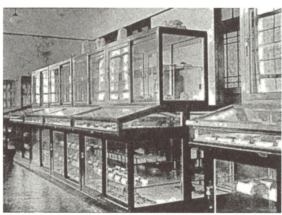

◎ 地质研究所是中央研究院成立的第一个研究所，所长为李四光。左图为 1935 年李四光和学生李春昱（左）、王恒升（右）在阿尔卑斯山考察冰川现象。右图为地质研究所陈列室。

◎ 竺可桢（左图）于1928年
出任气象研究所所长，并
长期主持全国气象事业。
在其努力下，自1930年
元旦开始我国获得独立发
布天气预报的主权。右图
为该所施放测空球。

◎ 天文研究所成立于1928
年2月，初由高鲁担任所
长，次年余青松（左图）
接任。右图为1934年《申
报月刊》报道该所紫金山
天文台建设情况。

◎ 1933年吴学周自德国归
来后即至中研院化学研
究所任研究员，1938年
代理所长。右图为他的
论文手迹。

第一批院士

1935 年，中央研究院从全国学术界聘选评议员，成立了评议会，对全国科研活动负有指导、联络、奖励的职能。1948 年选举产生了首批共 81 位中央研究院院士。

◎ 1948 年 9 月于南京北极阁参加第一次院士会议的部分科学家合影。左起第 1 排：萨本栋、陈达、茅以升、竺可桢、张元济、朱家骅、王宠惠、胡适、李书华、饶毓泰、庄长恭；第 2 排：周鲠生、冯友兰、杨钟健、汤佩松、陶孟和、凌鸿勋、袁贻瑾、吴学周、汤用彤；第 3 排：杨树达、余嘉锡、梁思成、秉志、周仁、萧公权、严济慈、叶企孙、李先闻；第 4 排：谢家荣、李宗恩、伍献文、陈垣、胡先骕、李济、戴芳澜、苏步青；第 5 排：邓叔群、吴定良、俞大绂、陈省身、殷宏章、钱崇澍、柳诒征、冯德培、傅斯年、贝时璋、姜立夫。

科研机构是现代科学体制的重要组成部分。民国时期，除中央研究院外，政府机关、高等院校乃至民间团体纷纷行动，创设了一批科研机构。第一代科学家是创建这些机构的主力。

1929年国立北平研究院成立，先后建立了物理学、化学、动物学、植物学、地质学、镭学等9个研究所。

◎ 图为主持北平研究院事务的副院长李书华。

◎ 左图为1932年北平研究院理化部全体职员合影。右图为北平研究院院址（现科学出版社所在地）。

◎ 图为1932年1月7日法国物理学家郎之万（左2）参观物理学研究所。

◎ 图为药物化学家赵承嘏在实验室工作，他从1932年起担任药物学研究所所长。

在科学家们的积极倡议下，国民政府在南京创办了一批实业研究机构，开展产业技术研究，使科学技术更有效地为经济社会发展服务。

◎ 左图为中央工业试验所，右图为该所创办者之一、化学家吴承洛。

◎ 左图为中央农业试验所倡办人、农学家邹秉文，右图为该所所址。

一批由科技社团或个人创办的科研机构也应时而生。

◎ 1928 年，静生生物调查所在北平成立，以调查中国北方生物。左图为该所所址。右图为该所成立时所内人员合影。前排左起：何琦、秉志、胡先骕、寿振黄；后排左起：沈嘉瑞、冯澄如、唐进。

◎ 1922 年中国科学社于南京创立了生物研究所，秉志任所长，建所初期不仅没有报酬，还要自己贴钱，后来成为中国现代生物学家的摇篮，走出了王家楫、伍献文等一批生物学家。左图为 1930 年落成的生物研究所实验楼。右图为该所人员在海滨采集动物标本。

◎ 范旭东于 1922 年 8 月 15 日创办了黄海化学工业研究社，这是中国第一所私立化工研究机构，周恩来誉之为"化工人才的篓子"。左图为 1924 年的黄海化学工业研究社。右图为 1933 年该社董事会成员。

推进科技社团发展壮大

　　自19世纪末起，就不断有学者呼吁或尝试仿照西方体制建立学会，到20世纪30年代中期，中国科学家们已经建立了一大批学会，既有综合性学会，也有分专业、分地域的科技社团。科学家们互通信息、开展合作研究、创办同人刊物，有力地推动了中国科技事业的成长。

◎ 中国地质学会成立于1922年，是中国建立最早的学会之一。它依托于地质调查所，会址即在该所图书馆内。成立时会长为章鸿钊（左图），副会长为翁文灏、李四光（中图）。右图为该会会徽，由杨钟健、谢家荣、章鸿钊、葛利普设计。

◎ 中华医学会早在1915年即于上海成立。左图为1931年7月国民党上海市执行委员会民众训练委员会经过视察后颁发给中华医学会的许可证书。右图为1935年1月上海市教育局发给中华医学会的立案证书。

◎ 随着会员的增多，此时的学会一般都有健全的组织，经常组织年会等活动，并定期出版刊物。图为当时出版的几种
学会会刊。

◎ 1935 年中国科学社、中国工程师学会、中国化学会、中国地理学会、中国动物学会、中国植物学会六个学术团体 300
余名会员在广西召开联合年会。

成果初显

◎ 图为 1933 年水利学家李仪祉（左）担任黄河防汛会议主席。1898 年他以精于数学考取秀才第一名，1909 年被派赴德国留学。辛亥革命爆发后中辍学业回国。因修渠惠民，他 56 岁劳碌过度去世。

◎ 1929 年裴文中在北京周口店"发现"北京猿人头盖骨。这一发现是古人类学发展史链条上的关键一环。拍摄时摄影师太注意头骨而忽略了裴文中的面部。

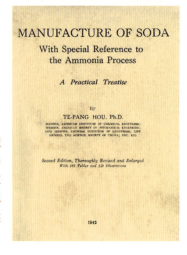

◎ 范旭东于 1918 年开办了永利制碱公司，力邀化学家侯德榜承担开发制碱技术的重任，并成功打破国外的技术垄断。左上图为范旭东，右上图为侯德榜，右图为侯德榜出版的《制碱》一书封面。

◎ 由茅以升主持、罗英担任总工程师建造的钱塘江大桥是国人自行设计建造的第一座现代化桥梁，1934 年 11 月奠基，1937 年 9 月建成通车。随即在日寇进攻杭州时成为难民撤退的主通道。为阻滞日军，大桥于通车 89 天后被炸毁。直至新中国成立后才得以修复。上图为钱塘江大桥设计效果图。下图为茅以升（右）等人在英国考察钢梁质量。

◎ 1922 年吴有训赴芝加哥大学，后随 A.H. 康普顿进行 X 射线的散射研究，丰富和发展了康氏的工作，康氏因此获 1927 年诺贝尔物理学奖。图为芝加哥大学物理系师生合影，前排右 4 为康普顿，箭头所指为吴有训。

◎ 1930 年赵忠尧在美国加州理工学院随 R.A. 密立根学习，发现正负电子对湮灭现象，试验观测到正电子。这是量子动力学理论发展的里程碑。

正值新生的科技事业在中国抽枝散叶之际，日本全面侵华，神州烽烟四起。国难当头，书生报国，有些人投笔从戎、身赴国难，令人肃然起敬；还有许多人秉持科学救国理念，着眼国家建设，继续从事学习和研究，在大后方保存并延续了中国文化传承与科学进步的火种。民族兴亡、国难家仇，最终都化作为民族争独立、为个体求发展的不竭动力。十几年战火淬炼，教授们在艰难困苦中刻苦攻关，为国效力；学子们也褪去了少年的青涩，成就为一批基础扎实、视野高远的科技英才。

抗战胜利后，在战火中成长起来的青年学子们内怀家国之忧、外受衣食之困，但他们没有灰心失望，仍着眼于战后重建，或远赴欧美、留学深造，或走向革命、投奔光明，或坚守岗位、弦歌不辍，道虽各异，却同是为了祖国的美好、文明和富强。

第二章
动荡岁月里的科教人生
（20世纪30年代中期—40年代末）

危机来临之前

　　"九一八"事变将日本侵吞中国的狼子野心暴露无遗，中华民族陷入空前的生存危机，青年学子们面临着重大的人生抉择。

　◎ 范绪箕 1936 年留学美国，1940 年在冯·卡门指导下获航空工程博士学位。上图为范绪箕留美期间同学合影，立者左 4 起：殷宏章、朱正元、范绪箕、钱学森。下图是留美期间钱学森为范绪箕拍摄的照片。

◎ 左图为何泽慧。1936 年她为发展祖国的军工事业赴德国柏林高等工业学校学习弹道学，1940 年获博士学位。右图为 1937 年她与姐姐何怡贞的通信。

◎ 航空救国的观念在 20 世纪 30 年代影响极大，甚至影响到很多女生，李敏华即是其中之一。卢沟桥事变时，她是清华大学航空系学生，后于 1944 年与丈夫吴仲华一起赴美国麻省理工学院机械系学习（左图），吴仲华1947 年获博士学位。李敏华 1948 年成为该校工科的第一位女博士（右图）。1954 年夫妇一同回国。

◎ 图为 1936 年清华大学师生慰问 29 路军。

科学与救亡图存

　　时穷节乃现，国难深重之时正是尽心报国之日。面对日寇的侵凌进逼，科学家与全国军民一起担起了救亡图存的重任。黔南滇中、巴山蜀水、陕北高原，处处都有他们坚定的身影。甚至在敌人的枪口与刺刀下，他们也在默默履行自己的职责。他们的武器，既有传统的纸和笔，更有新兴的光与电。他们所承载的，不仅是不做亡国奴的反抗精神，更有中华民族科学复兴的希望与火种。

为民族的科学事业保留火种

　　全面抗战爆发后，文教机构遭受日军空袭和劫掠破坏，损失惨重。

◎ 南京中国科学社生物研究所，后被日军焚毁。

◎ 被日军焚毁的天津南开大学。

◎ 被日机炸毁的南京中央大学科学馆。

图为为争取抗战胜利并为国家建设储备人才，东部各大学、研究机构陆续内迁。这一大规模的迁徙为延续中国的高等教育和发展科学技术事业保存了大批有生力量。

中央研究院研究所西迁路线

1.到达重庆的研究所

总办：南京—长沙—重庆
气象：南京—汉口—重庆
动植物所：南京—衡阳—阳朔—重庆

2.到达昆明的研究所

天文所：南京—衡阳—桂林—昆明
化学所、工程所：上海—长沙—昆明

3.到达桂林的研究所

地质所、心理所：南京—长沙—桂林
物理所：上海—桂林

4.到达南溪李庄的研究所

史语所：南京—长沙—昆明—南溪
社科所：南京—阳朔—南溪

备注：①此图仅为示意图；②有些研究所在抗战期间一直处于迁徙中，以其停留时间最长的地方为迁徙终点。

图例：
➤ 国立西南联合大学
➤ 浙江大学
➤ 国立西北联合大学
➤ 中央大学

卢沟桥事变后，北京大学、清华大学和南开大学三校南迁，组成长沙临时大学。后因战局恶化，1938年2月开始迁往昆明，部分师生组成湘黔滇步行团，束装徒步三千里，并在途中各就所学，沿途实习，历时两月有余，终于抵达昆明。

◎ 图为步行团部分学生到达黔湘交界处，左3为南开学生申泮文。

◎ 1938年4月28日，步行团团部和辅导团成员到达昆明后合影。一排右3为梅贻琦，一排左2为李继侗，二排右3为闻一多，三排左1为吴征镒。

◎ 图为1938年4月，步行团到达昆明。

◎ 图为中国红卍字会无为分会发给陈梦熊的难民证。1937年陈梦熊从安徽无为逃难去汉口。红卍字会是模仿国际红十字会的国内救援组织。

◎ 广州中山大学于1938年西迁云南，历时三月。图为地理系学生在途中进行测绘实习。

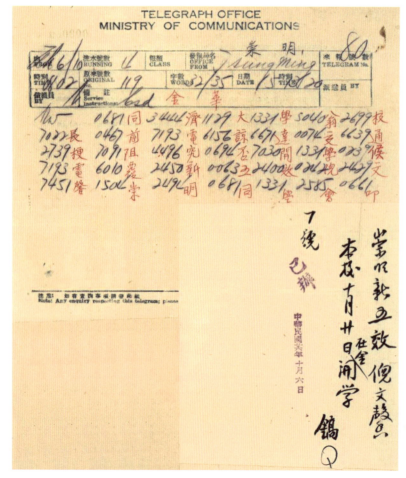

◎ 非常时期，校址迁移不定，师生也四处奔波。图为倪文馨就开学事宜与同济大学校长的往来电报。

大后方的科研与教育

抗战时期，云贵川三省作为国民政府的心腹之地，集中了大批高校与科研机构，成为战时中国科教事业的重镇。

重庆地区

重庆作为战时陪都，集中了中央大学、交通大学、国立药专等一大批高校。金陵大学、同济大学等知名高校也分布在四川各地。

◎ 王家楫（前排左1，动物学）、钱崇澍（前排左2，植物学）
等一批科学家在北碚的中研院内。

◎ 朱章赓院长、朱恒璧（左2，药理学）、杨崇瑞（左5，妇产科医学）、沈宗瀚（右2，农学）、袁贻瑾（右1，医学）等在卫生署中央卫生实验院。

◎ 四川省农业改进所的农学家李先闻在试验田中。

◎ 1937年微生物学家方心芳在重庆南渝中心科学馆
实验室。

◎ 1943 年前后，中央地质调查所
的地质学家们在图书馆前。

◎ 为了保留中学的教育实力，国民政府于 1937 年底开始在四川等地分别成立了 22 所国立中学及 3 所国立华侨中学，专
门接收相应沦陷区的中学生，总共培养了数以万计的战区和沦陷区流亡学生。重庆国立九中（左图）为来渝的安徽师
生开办。学生有邓稼先、汪耕、黄熙龄、夏培肃、任继周等。右图为 1941 年初中女生部毕业合影。

◎ 1942 年 5 月黄士松（右 2）与中央
大学气象组同学合影。1938 年，
黄士松考进航空工程系，后认为
"再高明的航空师也离不开气象预
报"，于是转读地理系气象专业。

◎ 1943 年中国化学会在四川
乐山举行第十一届年会之后的
午餐。

◎ 中央大学三位教授。左起：欧
阳翥（神经解剖学）、高济宇
（有机化学）、沈其益（植物病
理学）。

◎ 图为 1938 年陈学俊在迁至重庆
的中央大学。

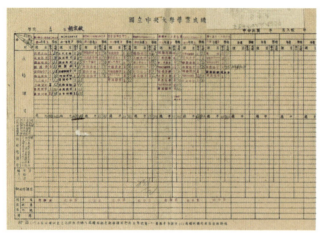 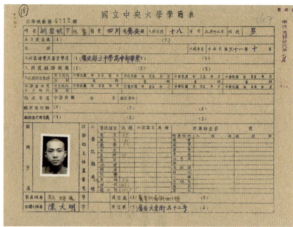

◎ 1942 年 10 月，胡宏纹以第一名的成绩考入中央大学化学系。图为胡宏纹的学籍表和成绩单。

◎ 从南京搬迁到重庆的国立中央工业专科学校。　◎ 抗战爆发后，上海的国立交通大学一部分迁至重庆。图为图书馆阅读室。

◎ 重庆大学的学生在做化学实验。

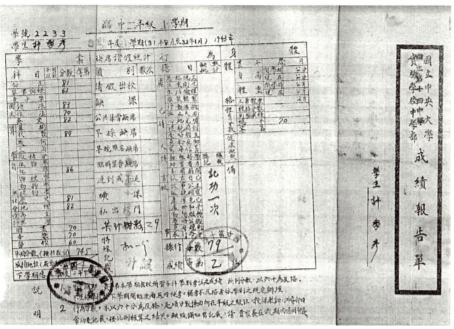

◎ 1944 年许学彦入重庆交通大学造船工程学系。左图是中学成绩单，右图是交通大学毕业证书。

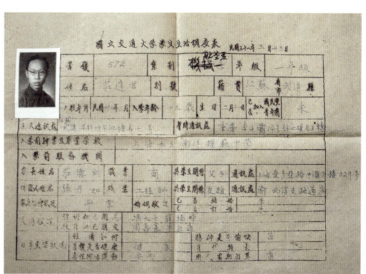

◎ 1943 年庄逢甘入重庆交通
大学机械系，后转航空工程
系。图为其生活调查表。

◎ 1940 年在重庆的中央大学、重庆大
学、中央政校、教育学院、国立药
专、南开中学六校联合举办音乐会。

◎ 左图为1937年由南京迁至重庆的国立药学专科学校。右图为1940年5月该校篮球队合影，彭司勋（左图后排左3)1938年考入该校。

成都地区

◎ 抗战期间，金陵大学、中央大学医学院、齐鲁大学等迁至成都，借用华西协和大学校舍办学。上图为这几所大学于1941年联合举行毕业典礼。下图为华西协和大学校门。

◎ 图为1943年中央大学医学院的三位教授。右起：潘铭紫、徐丰彦、郑集。徐丰彦手持自行制作的记纹鼓。

◎ 1937年上海同济大学被日军炸为平地，后迁往四川宜宾李庄。图为学生在李庄的大禹庙听演讲。

◎ 图为1941年金陵大学师生从成都骑车去灌县，右1为汪菊渊，右2为陈俊愉。

◎ 倪文馨1938年由同济大学毕业，1941年应母校之聘来到李庄当教员。图为当时教员的任课时数及津贴。

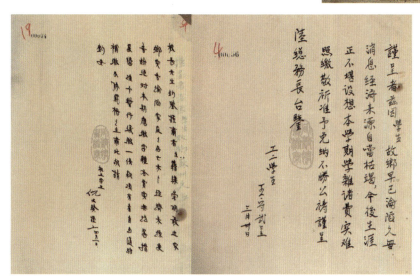

◎ 很多随校迁徙的学生失去经济来源，只能申请缓缴学费。图中分别是王守武和倪文馨的缓缴申请书。

云贵地区

　　抗战时期的云南、贵州，同样是中国科研与教育的重要基地，有大力提倡学术自由和民主政治的西南联合大学（昆明），有从杭州迁来的浙江大学（遵义、湄潭），也有从广州迁来的中山大学（澂江）、从武昌迁来的华中大学（大理）等许多高校，还有中央研究院的若干研究所等科研机构。

◎ 1940年周培源在西南联大理学院任教授。

◎ 周先庚1930年于美国斯坦福大学心理学系获博士学位。翌年回国任教清华大学，西南联大时期任哲学心理学系心理学组行政负责人和仍保留编制的清华大学理学院心理系系主任。

◎ 西南联大三位校长给周先庚的信。

◎ 1943年曾昭抡率联大化学系学生到工厂考察实习。

◎ 图为 1946 年在联大机械工程系担任助教的王补宣（前排左 4）与学生参观云南安宁钢铁厂。

◎ 1937 年刘东生进入联大地
质地理气象系学习。

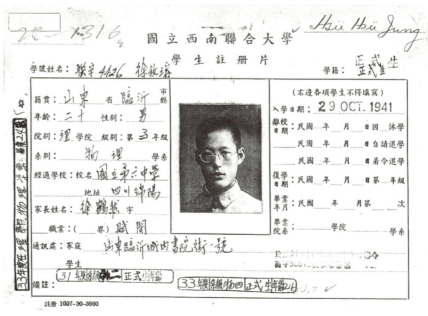

◎ 徐叙瑢 1941 年考入联大物理系，图为他的学籍卡。

20 世纪 30 年代，为适应抗战需求，清华大学先后成立了农业、航空、无线电、金属、国情普查五个"特种研究所"。联大期间，研究所所在的昆明大普吉村逐渐成为远近闻名的学术研究中心。

◎ 约在 1939 年，位于昆明郊区大普吉的清华大学特种研究所部分人员与来宾合影。第 1 排：左 2 余瑞璜，左 6 吴有训，左 7 严济慈，右 1 孟昭英，右 3 范绪筠。第 2 排：左 1 赵忠尧，左 4 叶企孙，左 5 梅贻琦，左 6 饶毓泰，左 7 李书华，左 8 吴大猷。

◎ 植物生理学家汤佩松与随英国学者李约瑟到达昆明的曹天钦等人在农业研究所实验室。

◎ 物理化学家、中研院化学所所长吴学周（右）、柳大纲（左）于昆明临时所址。

◎ 图为位于昆明黑龙潭的北平研究院物理学研究所实验室内景。

◎ 图为1941年9月21日中研院天文研究所派赴
甘肃临洮观测日全食的西北队队员，左起：潘
澄侯、李国鼎、龚树模、张钰哲、区永祥、陈
道岉、李珩、高叔咢、陈秉云、胡玉章。

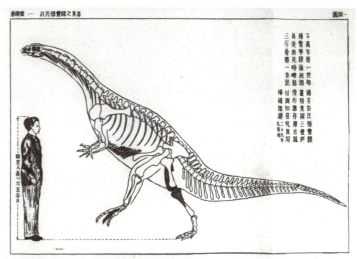

◎ 中央地质调查所在云南做了大量基础工作，卞
美年等人对许氏禄丰龙的调查研究是其中之一。
图为杨钟健于1940年发表的禄丰龙再造图。他
们的工作，正如翁文灏所说，实现了"使世界上
知道——万山丛中的西南依然有多少人在作学术
工作，并且内容的丰富并不减于往日"。

◎ 1937年浙江大学西迁至贵州遵义、湄潭。图为农业生物
化学家、浙大农业化学系主任罗登义。在湄潭的6年里，
他分析了当地170多种水果、蔬菜的营养成分。

◎ 1944 年，中国科学社的成员们在贵州湄潭举行科学社三十周年纪念会。左图为纪念会现场。右图为浙江大学校长竺可桢致辞。

◎ 左上图为设在遵义子弹库中的浙江大学校本部。右上图为1940年张直中的毕业证明书。下图为工学院实验室群。

西北地区

◎ 1937 年 9 月迁至西安的北平大学、北平师范大学等，联合设立西安临时大学，次年改称国立西北联合大学。随后几所工学院，如东北大学工学院等又合并组成国立西北工学院，又名国立西北联合大学工学院。右上图为在西北联合大学工学院的叶培大（右 1）与同事合影。左上图为西北工学院 1947 届毕业生刘广志。下图为西北工学院陕西城固古路坝旧址。

◎ 图为兰州培黎学校的张官廉向
学生解释建筑图。

◎ 图为兰州培黎学校的学生在打
篮球。

◎ 图为兰州国立西北师范学院的
学生们。

陕甘宁边区的科研与教育

在革命圣地延安，虽然遭到日伪封锁，条件极其困难，中国共产党仍然创办了延安自然科学院等一批科教机构，服务于边区的科技启蒙与工农业生产，并培养了一批日后成为新中国科技事业领导者的科技干部。

◎ 图为边区第一个通信器材厂——延安盐店子中央军委三局通信材料厂旧址。

◎ 延安以窑洞作为教室和宿舍。

◎ 1940年陕甘宁边区成立自然科学研究会，吴玉章为会长，于光远、李苏、阎沛霖、乐天宇、丁仲文等为驻会干事。图为1942年该会数理学会负责人力一发表在《解放日报》上的文章《炮打原子》。

◎ 涂光炽1937年从天津南开中学毕业后赴陕西投身革命和抗日事业，并曾在延安抗大学习一年，后遵照党的指示前往西南联大学习。图为他在延安留影。

　　为了培养科学技术干部、发展科学技术事业，1940年9月初，延安自然科学院成立。这是中国共产党领导的第一所理工科高等学校，设有大学部和中学部，后并入延安大学。

◎ 图为延安自然科学院成功研制用马兰草造纸，解决了边区用纸紧张的严重困难。

◎ 彭士禄是彭湃烈士的遗孤，1940年被周恩来派人接到延安，1943年9月入延安自然科学院化工系学习。图为1944年7月5日《解放日报》对彭士禄模范事迹的介绍。

　　延安大学成立于1941年8月，是毛泽东亲自命名、中国共产党创办的第一所综合性大学。以下是1944年记录该校学习生活的一组照片。

◎ 学生们学习几何。

◎ 化学系学生听学术报告。

◎ 化学系学生做实验。

◎ 工程系学生学习测量。

◎ 正在烧制玻璃制品的人员。

◎ 延安医学院的学生做胚胎学实验。

辗转流离在其他地区

孤岛中弦歌不辍，刺刀下忍辱求存。因种种原因滞留沦陷区或在交战区辗转流离的师生们亲身见证了敌伪压迫下的科研与教学。

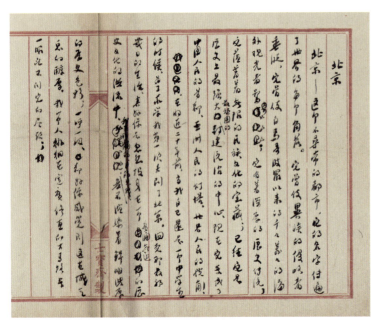

◎ 燕京大学遭日寇查封，侯仁之被日寇逮捕。图为他在监狱中打好腹稿出狱后写作的《北京都市地理》手稿。

◎ 在日军逼近广州之前，陈焕镛将中山大学农林植物研究所十余万号植物标本运往香港。1941年底香港被日军占领，他与日伪周旋，将标本运回广州，继续从事研究。抗战复员，这批标本完好无损。左图为1919年他在海南采集标本。

◎ 1942年协和医院教授刘士豪（右图右）、朱宪彝（右图左）在 SCIENCE 发表题为"肾性骨营养不良"的论文。

◎ 广州岭南大学几度搬
迁，辗转香港、韶关等
地。左图为位于韶关仙
人庙的岭南大学，学生
们在集体做操。右图为
1941年化学系黄翠芬
参加学校运动会获铅球
比赛第一名。

◎ 中山大学于1938年
10月从广州迁至云南
澂江，1940年冬迁至
坪石。左图是1939年
张宏达的毕业论文手
稿。右上图为1944年
天文学家邹仪新在校
天文台，兼任台主任。
右下图为1944年工程
系学生和他们制作的
桥模型。

◎ 1937年12月至1945年7月，厦门大学内迁福建长汀。左图为物理学家、校长萨本栋与师生于
长汀校门前。右图为五位生物学家在长汀，左起：汪德耀、陈子英、顾瑞岩、廖翔华、黄厚哲。

抗战救亡一分子

　　国难当头，学子们以抗日救国、救亡图存为职志，或从事宣传、或服务后勤、或投笔从戎，积极投身于民族解放的宏业之中。

◎ 图为1937年江苏无锡成立的抗日救护队合影。二排右1为中央大学医学院1935级学生张涤生，三排左7为其弟张养生。

◎ 图为1945年，浙江大学丁敬参与组织战地服务团。

◎ 1938年周尧从法国赶回广州，参加了广东地方军。

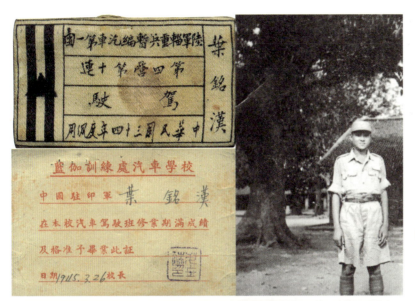

◎ 三图为叶铭汉的佩章、驾驶毕业证、军装照。1942年叶铭汉去重庆投奔叔父叶企孙，1944年考入西南联大，次年1月加入青年军，奔赴印度。

◎ 1937年底浙江大学学生刘奎斗（右1）与同学们加入抗日游击队，穿上军装，左起：程民德、王家珍、唐兰九、丁而昌、吉上宾、黄宗麟、李建奎、洪鲲、程羽翔、虞承藻、陈家振。

◎ 图为1943年前后，国立资源委员会燃料酒精工厂厂长、酵糖专家张季熙。该厂建在重庆资中。

在叶企孙的影响下，清华大学多名学生积极投身于冀中根据地的抗日运动。葛庭燧（右图）曾化妆为牧师穿越敌伪封锁，向根据地运送无线电器材。熊大缜则放弃留学机会，到冀中研制地雷并牺牲在那里。左图为1936年叶企孙（中）、熊大缜（左2）等人。

1942年四川省水利局工程师黄万里在一个水利工程竣工典礼上讲话。

图为1944年，中央卫生实验院的黄翠芬（前排左1）等在食堂前合影。黄翠芬在该院流行病微生物研究所从事青霉素制备。

1940年，叶培大到重庆中央广播电台，参加设备安装调试，该电台保证了中国抗战的声音传播到世界各地。图为叶培大（后排左1）与同事的合影。

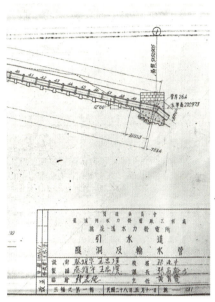

◎ 1940 年前后张光斗在四川龙溪河为兵工厂设计建成了一批小水电站。他的婚礼就在工地举行。左图是 1939 年他校核的桃花溪水电站引水道设计图纸。右图为 1939 年结婚照。

◎ 自 1938 年起，孙健初主持甘肃玉门油田的勘探，以满足战时石油需求。图为 1946 年孙健初（背影）在玉门油田祁连别墅向田在艺（右 2）、李德生（右 1）等讲授油矿地质。

◎ 1939 年春，心理学家潘菽（左）受周恩来的委托，联络一批科学家在重庆成立了"自然科学座谈会"。后经该会发起组织，1945 年7 月在重庆成立"中国科学工作者协会"。中图为该会总干事、气象学家涂长望。右图为该会于 1948 年创办的《科学工作者》。

复员与建设

　　眺望着抗战胜利的曙光，国共双方都开始着手部署战后重建和复兴计划，科技事业在其中占有重要地位，大学和科研机构陆续回迁复员，科学家们翘首期盼着战后的重建和复兴。一大批学子远赴海外深造，也有不少人积极投身革命事业，他们中的很多人，后来成为新中国科技事业的骨干力量。

◎ 图为1946年西南联大同学合影。叶铭汉（左3）于1945年9月从青年军返校复学，左2为李政道。

◎ 图为1946年浙江大学复员回到杭州。

为学习原子弹相关技术，国民政府于 1946 年派物理学家吴大猷、数学家华罗庚、化学家曾昭抡分别选拔带领一批优秀青年人才赴美考察。考察组抵美后，由于美国方面实行技术封锁，学习原子弹技术一事无疾而终，五位年轻人分头入大学学习，后来均成为一代英才。

◎ 吴大猷推荐了李政道和朱光亚赴美考察。左图为 1949 年杨振宁（左）、马仕俊（右）在纽约吴大猷（中）家中。右图为李政道、杨振宁、朱光亚（左起）1947 年在美国密执安大学研究生院。

◎ 华罗庚（右）选择了孙本旺随同赴美。图为华罗庚 1946—1947 年在美国。

◎ 曾昭抡（左图）推荐了王瑞骈和唐敖庆赴美考察。右图为 1939 年毕业于北平育英中学的王瑞骈。

战后留学潮

　　抗战后期，国民政府开始着手为战后重建储备人才，通过各种渠道为学子们提供留学或出国进修机会，重点培养交通、机械、电力、电信、卫生、化工等方面的工程技术人才，从而在1946年前后形成了一波颇具声势的留学潮。据统计，这一时期仅在美国的中国留学生就有6200人左右，其中学习自然科学和工程技术的占到了80%。年轻学子们虽然远赴异域，缘起、方式各有不同，但都有着同样的爱国之心、报国之志、科技强国之梦。

◎ 1941年，黄培云（二排右1）赴美国麻省理工学院学习，1945年获博士学位。1946年回国。图为1941年9月清华公费留美生赴美前在香港合影。

◎ 1944年，柯俊得到英国化学工业公司奖学金，赴伯明翰大学学习冶金。1948年获博士学位，1954年回国。

9/2/44 Durham, England

◎ 黄纬禄（三排左4）1943年赴英学习，1945年入伦敦大学帝国学院无线电系攻读研究生。1947年回国。图为1944年中国留英学生合影。

◎ 图为1945年赴英留学同学合影，立者右3为刘有成，右4为张滂。两人抵英后均在利兹大学，刘有成学习有机化学，1948年获博士学位，1951年转到芝加哥大学做博士后，1954年底回国。张滂后转剑桥大学，1949年通过博士论文答辩后回国。

◎ 曾德超（右1）1945年作为中国第一批农业工程留学生赴美国明尼苏达大学学习。图为留学生与美方代表合影。

◎ 1945年，庄巧生赴美，到堪萨斯州立学院制粉产业系学习硬质小麦品质鉴定技术。图为1945年他（右1）和两位中国实习生与导师谢伦伯格教授在观察实验。

◎ 黄士松1946年自费进入美国加州
大学洛杉矶分校气象系，半工半读，
次年获硕士学位。1951年弃学归国。
图为1946年在校留影。

◎ 1945年张直中（左5）赴英国来赛斯特大学进修雷达和超高频技术。图为1946年浙
大同学在英国聚会。

◎ 1945年叶培大以电信专业第一名的成绩考取公费
赴美项目，赴哥伦比亚大学进修，1946年回国。
图为1946年叶培大（左）与同学在旧金山合影。

◎ 1947年陈俊愉（左3）考取赴欧留学公费生，去丹
麦哥本哈根皇家兽医及农业大学研究花卉，1950
年获硕士学位后回国。图为留学丹麦的同学合影。

◎ 1947 年初杨承宗进入巴黎大学居里实验室，跟随约里奥 – 居里夫人学习放射化学，1951 年获博士学位后回国。左图为他在博士论文通过的庆祝会上与导师碰杯。右图为他在居里实验室前。

◎ 周镜 1947 年赴美国俄亥俄州立大学土木系学习，1949 年获硕士学位，次年回国。上图为留学生途经夏威夷合影（前排左 3 周镜）。下图为周镜硕士学位证书。

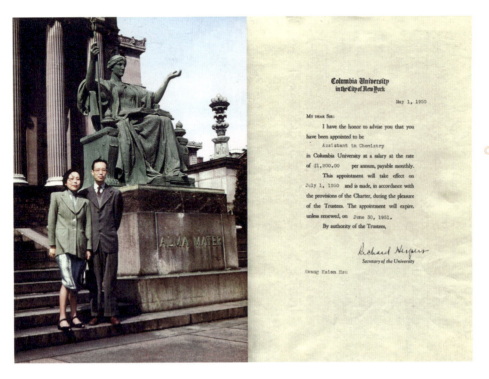

◎ 1948 年徐光宪进入华盛顿大学，后转到哥伦比亚大学攻读博士学位，主修量子化学。1949 年妻子高小霞赴美进入纽约大学攻读硕士学位，学习分析化学。1951 年二人获得学位后一同回国。左图为 1949 年在哥大留影。右图为徐光宪在哥大的助教职位证书，每月补助 100 美金，聘期一年。

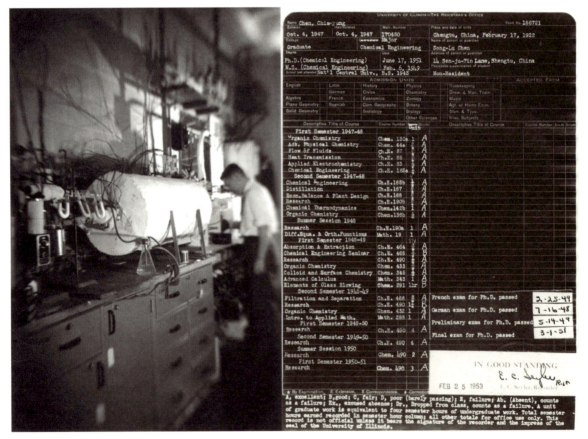

◎ 1947 年陈家镛赴美国伊利诺伊大学化工系留学，1951 年获博士学位。1956 年回国。左图为 1949 年他自己安装的实验设备。右图为毕业成绩单。

◎ 1946 年张涤生在美国费城宾夕法尼亚大学医学进修院攻读整 ◎ 1947 年盛志勇赴美国德克萨斯大学医学部实验
　形外科学。1948 年学成回国。　　　　　　　　　　　　　　外科系进修。1948 年回国。

◎ 1948 年周同惠进入华盛顿大学化学系，1952 年获博士学位。1955 年回国。图为周同惠（前排右 1）在华盛
　顿出海做海水成分分析。

◎ 1948 年王补宣（右 1）赴美国留学，次年获普渡大学机械工程科学硕士学位后回国。图为 1948 年该校中国同学合影。

◎ 程开甲 1946 年赴英国爱丁堡大学学习超导电性理论，1948 年获博士学位，1950 年回国。图为期间程开甲（左 1）与玻恩教授等人合影。

◎ 1948 年蒋锡夔赴华盛顿大学攻读博士学位。1955 年回国。图为同学郊游，左起：周同惠、林正仙、梁晓天、蒋锡夔。

◎ 1945年王守武通过自费留学考试到美国普渡大学学习。1949年获工程力学博士学位。图为1950年回国前，王守武（前）与妻子葛修怀（二排左1）等普渡大学同学合影。

◎ 1945年杨立铭到英国学习，1948年获得爱丁堡大学理论物理博士学位。1947年夏培肃到爱丁堡大学电机系学习电讯，1950年获博士学位。1951年夫妻一同回国。图为1950年在爱丁堡留影。

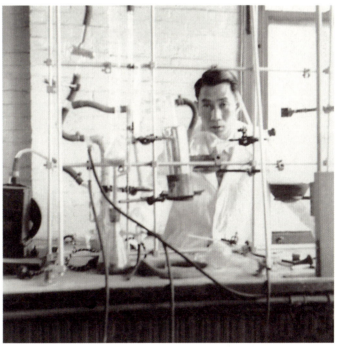

◎ 1948年彭司勋获联合国世界卫生组织奖学金，赴美国马里兰大学和哥伦比亚大学药学院进修。1950年获哥大药学硕士学位后即回国。图为1950年在哥大药学院实验室。

◎ 1948 年邱式邦（左 1）获得英国
文化协会奖学金，次年入剑桥大
学动物系研究蝗虫，1951 年回
国。图为 1950 年合影。

◎ 1947年庄逢甘赴美国加州理工学院攻读航空工程，因各科成绩都
是 A+，被称为"A+男孩"，1950 年获得博士学位后回国。1948 年，
郑哲敏赴美国加州理工学院学习力学。1952 年获博士学位后留校，
1955 年回国。左图为庄逢甘在博士学位毕业典礼上留影。中图为
暑期郊游，左为郑哲敏，右为庄逢甘。右图为郑哲敏在美学习期
间给二妹写信谈及博士论文选题。

◎ 1947年，何炳林（左图）入美国印第安纳州立大学，次年妻子陈茹玉（右图）也考入印第安
纳大学化学系攻读有机化学，1952年两人均获博士学位。1955年底一同回国。

◎ 李恒德于1946年考取公费赴美项目，次年于卡内基理工学院冶金系硕士毕业，1953年获宾
夕法尼亚大学材料科学专业博士学位，1954年回国。图为李恒德在美国试验室。

◎ 王绶琯 1945 年赴英国留学，在皇家格林尼治海军学院造船班深造。期间开始自学天文学。1950 年被
聘为伦敦大学天文台助理。1953 年回国。图为王绶琯（左 1）于 1951 年在伦敦大学天文台与同事合影。

　　我的教授教导我们，要注意节约，要注意充分利用时间，所以又让我们到不同的研究所，不同的花卉栽培、繁殖的单位，去接触实际。到了丹麦首都哥本哈根的花卉中心，到了它的植物研究所等等。他们都是老习惯，上午到了 11 点是 tea time，下午到了 3 点又是 tea time，每次有半个钟点。喝喝咖啡闲聊，这个起很大的作用。一方面缓解了紧张，另外一方面交流了很多学术问题。不是正式的，就是很随便。但是有的时候从别人的谈吐当中，得到很大的启发。彼此的思想发生了火花的碰撞，产生了灵感。我只讲在丹麦皇家植物研究所里头，我利用 3 个月的时间，把他们植物研究所所有的标本全都看了两遍，这就打下了以后植物分类的基础。

——陈俊愉访谈，2010 年 12 月 18 日

　　抗战胜利前后，中国共产党选拔资助一批党员或积极分子通过参加国民政府组织的留学考试出国深造，为党的事业和新中国建设储备人才。

◎ 罗沛霖于1948年9月赴美国加州理工学院时，随身携带的只有党的地下组织资助的几百美元。图为罗沛霖对这段经历的回忆。

◎ 抗战胜利后，黄翠芬和周廷冲希望奔赴延安，但地下党员计苏华劝他们出国留学。于是他们1948年赴美国康奈尔大学攻读学位。1950年夫妻一同归国。左图为黄翠芬在康奈尔大学生化实验室做实验。右图为二人在康奈尔大学。

◎ 1938年侯祥麟在长沙秘密入党，1944年由党组织派到美国留学。图为他1949年在麻省理工学院。

走向革命

　　身处战争与革命的年代，大批青年学生在抗战前后接受了马列主义学说和中国共产党的领导，开始走上革命道路。这是革命成功的先声，一个崭新的时代即将来临。

◎ 1940年尚为中学生的谷超豪加入中国共产党。上图为1941年他（后排右1）随温州中学剧团赴丽水演出，宣传抗日。下图为1947年浙江大学学生自治会理事合影，中排右2为谷超豪。

◎ 1946 年，谢学锦应妹妹谢学瑛要求，瞒着家人把妹妹送到重庆红岩村参加革命。后谢学瑛成为新中国第一批外交官。图为 1949 年兄（左 2）妹（右 2）团聚。

◎ 卢永根是新中国成立前夕在香港较为活跃的进步学生。1947 年在港加入中共外围组织"新民主主义青年同志会"，1949 年入党。图为 1947 年他（右 1）当选香港培侨中学学生自治会主席。

◎ 图为 1946 年清华大学化学系学生谢毓元（前 1）参加沈崇事件引发的反美游行。

◎ 1949 年 1 月 26 日浙江大学地下党员池志强（左 2）等数百人去监狱迎接校地下党支部书记吴大信等四人出狱。

◎ 1946 年春，西南联大学生自治会理事沈渔邨由彭珮云介绍加入了民主青年同盟。图为彭珮云写的证明函。

新中国成立后，百业待兴，人才为重。在中国共产党的号召和领导下，各路科技英才以强烈的使命感和赤诚的爱国心，义无反顾地投身共和国建设事业，向现代科学进军，参与制订和实施十二年远景规划，瞄准国际前沿，填补空白学科，很快在积贫积弱的旧有基础上建立起相对完整的现代科学技术体系，以青春和热血见证并参与了新中国科技事业的奋进史，许多人由此成为共和国科技事业的开拓者和奠基人。

第三章

新中国·新科学

（1949年—20世纪70年代中期）

向往新中国

近代中国积贫积弱、百年屈辱，现代文明繁荣进步、一日千里，这两个反差强烈的图像深深印在科学家们的脑海里，促使他们在政权更迭之际做出最重要的人生抉择——为新生的共和国服务，实现科技报国之梦。

回溯他们在新中国成立前后的心路历程，我们看到的是一颗颗炽热忠诚的赤子之心，是支持中华民族存续和复兴的不屈精神！

选择留下

1948 年 12 月初，面对无可挽回的败局，国民政府拟出"抢救大陆学人"计划，要求必须将以下学人"抢救"出来送赴台湾：各院校会负责人、中央研究院院士、若干涉及政治因素的高级知识分子、在学术上有杰出贡献者，等等。

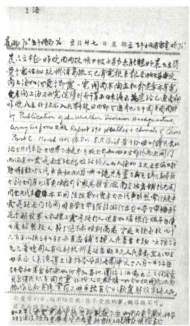 

◎ 左图为 1949 年 5 月 27 日竺可桢日记：解放军之来，人民如大旱之望云霓，希望能苦干到底，不要如国民党之腐败；科学对于建设极为重要；希望共产党能重视之。

◎ 右图为中央研究院职工走上街头庆祝上海解放。

在选择面前，科学家们绝大多数留在了大陆。中央研究院 81 位院士中，60 余位留在了大陆；所属 10 余个研究所，仅历史语言研究所大部以及数学研究所的个别人员和图书去往台湾。

这不仅是事业和家园上的选择，而且充分表明了对人民政权的认同。

海外归来

　　新中国成立时，恰是抗战胜利后留学热潮期间出国的留学生学成之时。新中国的诞生，使海外游子归乡之情、报国之心更切。他们先后踏浪归来，投身新中国的科技事业。据1956年初一份统计：1949年8月—1955年11月由西方国家归来的高级知识分子多达1536人，其中仅从美国就回来1041人。他们中学习理工专业者约占80%，成为共和国科技事业的生力军。

　　留美科学家人数最多，他们的归国之旅由于当时美国政府的干扰更显艰难，他们的经历集中体现了这一时期"海归"科学家的心路历程。

"我能更有效地为更多的中国人服务"

◎ 应崇福1951年10月在布朗大学实验室。1948年赴美国布朗大学学习电子学，1951年获博士学位，1955年回国。

◎ 1955年归国途中，应崇福写给美国丘尔教授的信。

　　不需要再说，我是怎样不愿意离开你的实验室……照逻辑讲，很少能有理由把我从实验室里吸引开。你大概知道，有一个国家叫中国，这个国家是我的祖国。此外，比这更重要的是，这个国家亟待需要服务。……如果我没弄错的话，我能更有效地为更多的中国人服务。中国专家很少，致力于培养专家的财富也很少，更不容易吸引专家，而且有许多问题难以克服。如果有许多像我们这样的人不回去，不去面对许多困难，那么还有什么人能够回到那个"上帝都禁止"的国家呢！而且，一个国家不能在自己的土地上站起来，整个世界就不能够有一颗安静的良心和一个持久的和平。……事实上，我做这个决定，不是很容易，不是没流过眼泪。多少次我怀疑我的理由是不是太幼稚了？是不是放弃太多的东西而没有结果？……

　　　　　　　　　　——节译自1955年应崇福在归国途中致美国丘尔教授的信

　　我的第二个转折点是1955年的回国。可以照样类推，如果不回国，我可能成为一个有些知名的国外教授，但如果活到今天，我大概只在某一两个窄狭的专业有所成就，而不会像回国后这样驰骋声学的广阔天地，和这么多人并肩战斗、多年共事。因为在国内，个人的事业是和国家的事业融在一起的。在国外，你可能成为一个名人，却也许是个孤寂的名人，尤其当你九十岁，熟人很多已先辞别。

　　　　　　　　　　——节选自2008年应崇福在九十寿宴上的讲话

祖国的召唤

新生的共和国需要科学技术，需要建设人才。党和国家向海外游子们张开了欢迎的双臂，尽最大可能为他们提供归国的便利和建功立业的机会。

1949 年夏，周恩来对回国汇报工作的党员留学生徐鸣指示：你们的中心任务是动员在美国的中国知识分子，特别是高级技术专家回来建设新中国。

同年 12 月 6 日，政务院文化教育委员会成立了办理留学生回国事务委员会，分别在北京、广州、上海等地设立留学生回国招待所，全权负责接待回国的留学生。

同年 12 月 18 日，周恩来通过北京人民广播电台，代表中国共产党和中央人民政府诚恳邀请在海外的留学生回国参加新中国建设。

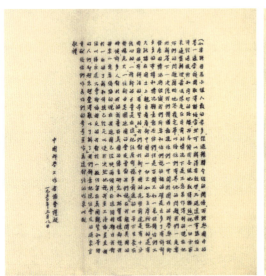
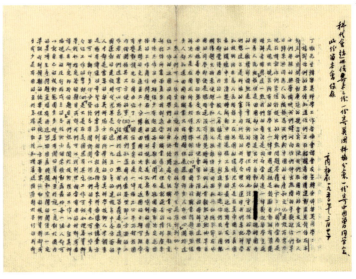

◎ 图为 1950 年 3 月中国科学工作者协会从国内寄给美国丁敬的信，希望留美科协动员留学生们回国参加建设。

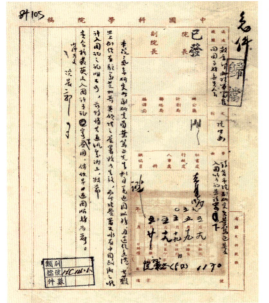

◎ 图为 1950 年 5 月 19 日由中国科学院院长郭沫若起草的关于办理该院副研究员叶笃正英文入国许可证的公函。叶笃正于 1948 年在美国芝加哥大学获得博士学位并已在美工作了 2 年。

留美科协

在抗日战争胜利之后的留美潮中，很多左翼人士包括共产党员也来到美国，在留学生中组织起若干社团。其中，留美中国科学工作者协会于1949年6月在美国匹兹堡正式成立。它以"响应解放，准备回国"为主要宗旨，为动员、组织留美学人回国做了大量工作。1950年9月19日留美科协宣告解散。

> 回国这件事，留美中国科学工作者协会起了很大作用，他们常常到普渡来，动员我们回国。大概做了一年，我们就想回国了。因为当时中美还没邦交，只能以难民的形式回来。我们回国的船上有一百多个留学生，在船上照了一张照片。
>
> ——王守武访谈

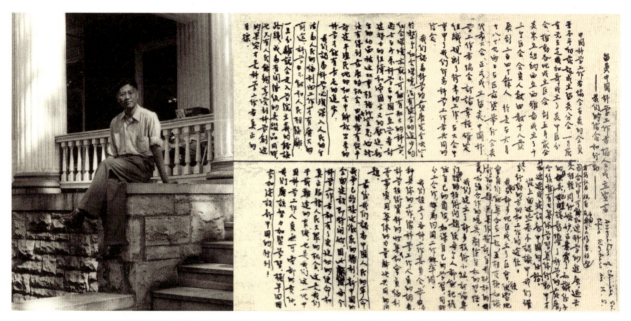

◎ 1949年初，丁敬（左图）和葛庭燧、侯祥麟等一同发起组织留美中国科学工作者协会。右图为丁敬保存的《留美中国科学工作者协会成立宣言》。

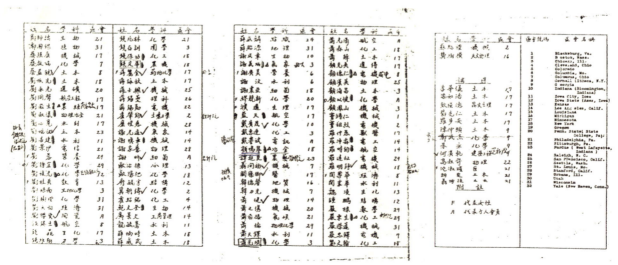

◎ 图为颜鸣皋保存的留美科协会员名录。

◎ 1950年留美科协在芝加哥召开
年会时各区会员代表合影。
前排右1—6：金荫昌、刘静宜、
彭兆元、冯平贯、邓稼先、梅祖
彦；左1—2：朱淇昌、李恒德。
后排：涂光炽（右2）、丁敬（右
3），左1—3：黄葆同、蓝天、肖
森山。

◎ 图为1996年，29位当年的"留美科协"会员再聚首。

◎ "建社"在中共中央南方局的领导下
成立，旨在联合热心民主建国的科
技人员，合力发展科技事业，推进
新中国成立工作。
左图为1947年陈冠荣（左）与傅君
诏（中）、薛葆鼎（右）在美国匹兹
堡合影。傅、薛当时均是中国共产
党党员，是"建社"的成员。

◎ 1950年，进步组织北美中国基督教学生联合会中西部支会在绿湖
开会，为准备回国的同学壮行。

艰难归国路

在麦卡锡主义的影响下，特别是在朝鲜战争爆发后，美国政府一方面采取发放生活费、接纳中国学生为"永久居民"等措施挽留，另一方面出台限制离境的法令，软硬兼施，阻挠年轻学子的回归之路。在美的中国留学生，有些被关起来，有些被搜查，归国之路格外艰难。

第一次归国潮

1949—1951年是留美学生的第一次归国潮，据统计共约有1000名留美学人归来。

【华罗庚归来】

> 朋友们，梁园虽好，非久居之乡。归去来兮！
>
> 为了抉择真理，我们应当回去，为了国家民族，我们应当回去，为了为人民服务，我们也应当回去，就是为了个人出路，也应当早日回去，建立我们工作的基础，为我们伟大祖国的建设和发展而奋斗！

1950年2月，华罗庚由美归来，途经香港，写下《致中国全体留美学生的公开信》，长达万言。3月11日新华社向全世界播送该信。

◎ 图为1950年3月华罗庚（左2）在回国轮船上。此前他已被美国伊利诺伊大学聘为正教授。这条船上，还有朱光亚、王希季等几十位中国留学生。

◎ 图为1951年颜鸣皋回国时的代护照。他于1950年10月第一次计划回国，但在上船前两个星期，被美国联邦调查局逮捕。

◎ 图为1949年周廷冲（左5）、黄翠芬（左4）夫妇回到祖国。他们受美国移民局阻挠，买高价票搭乘货轮在海上漂泊56天。

◎ 1950 年 8 月 31 日，载有 128 位归国留美学人的"威尔逊总统号"轮船自美国旧金山启程驶往中国，这是载有中国留学生最多的一条船，邓稼先、叶笃正、涂光炽、庄逢甘、池际尚、彭司勋、周镜等均在其中。他们中很多后来成为共和国科技发展的领军者。

　　威尔逊总统号停靠日本横滨时，赵忠尧、罗时钧、沈善炯三位中国留学生遭美军扣留；船至菲律宾，鲍文奎又险些被扣留。

◎ 图为 1950 年 9 月，赵忠尧、罗时钧、沈善炯三人在日本巢鸭监狱留影。他们坚决拒绝回美国或去台湾，在抗争了两个多月后方得释放。

◎ 图为赵忠尧一行九人到达上海火车站时受到上海教育界、科技界代表的热烈欢迎。赵忠尧携有大量国内紧缺的科学实验器材。

◎ 鲍文奎（1979 年 4 月访谈）：
船到菲律宾马尼拉时，还是不靠码头。这回轮到我了。晚上 7 点钟，广播呼叫我。我应声去了，在一个舱室中有四个人等着我，两个美国人，两个菲律宾人，都是警察……美国人说要把我扣下……搜查和盘问了我三个小时，过了这一关。只是把我的笔记本扣下了，他们看不懂本子上记的科学符号，说是要找人去鉴定。

第二次归国潮

朝鲜战争结束以后，被禁止回国的中国学子活跃起来，通过各种途径表达回国诉求。这些努力终于使中美日内瓦谈判议程上增加了中国留学生归国事宜，促使美国政府于 1955 年解除禁令，由此又形成一波归国潮。截至 1957 年，大约有 200 名留学生归国。

【钱学森回国被阻】 钱学森于1935年赴美国留学，经过十年的不懈努力，成为当时世界一流的火箭专家。1950年8月23日，他收到美国政府签署的禁止离境令。1950年9月被美国移民局逮捕并在特米诺岛上关押两个月之久。

◎ 钱学森被扣留期间，海内外科技工作者积极营救，并对美方行径进行了严正谴责。

◎ 左图为 1944 年 12 月，钱学森（右2）在蚂蝗泉美军试验基地。

◎ 右图为钱学森（左）1955 年 10 月 28 日从美国回到祖国时，受到中国科学院副院长吴有训（右）和北京大学教务长周培源（中）的欢迎。

◎ 左图为 1955 年 9 月，乘坐克利夫兰总统号邮轮回国的同学录。这是美国解禁后回国人数最多的一条船。由胡亳贤提供。

◎ 右图为 1955 年 9 月 17 日，钱学森一家登上克利夫兰总统号邮轮回国，他对记者说："我不打算回来。我将竭尽全力，帮助中国人民建设一个能令他们活得快乐而有尊严的国家。"

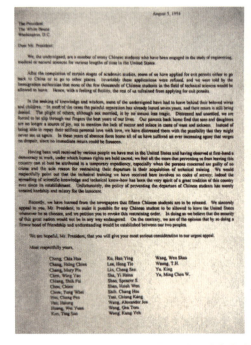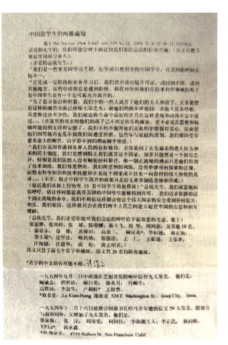

◎ 左图为 1954 年 8 月，26 位中国留学生联名给美国总统艾森豪威尔的信，刊于美国《基督教科学箴言报》。右图为该报对师昌绪的专访，他是要求回国但被禁止的 35 位中国学者之一。

◎ 图为郑哲敏 1954 年在瑞士写的家书，谈及在美国被移民局"找麻烦"的经过。他于 1955 年中美签署日内瓦协议后绕道回国。

◎ 图为 1951 年谢家麟在第一次回国的轮船上。中途在檀香山被阻，行李被没收，在工厂打工约一月，重回斯坦福
　　大学从事研究。1955 年得以回国。

◎ 1955 年林兰英获美国宾夕法尼亚大学固
　体物理学博士学位。1956 年底回国。上
　船前被美方扣掉旅行支票。

归国之后

　　留学生从海外归来，其中的科学技术人才一般被安排到科学院或高等院校工作，也有部分
归国留学生被安排到工业部门的研究所或者工厂从事产业科技研究工作。他们与已在国内的科
学家们一起，走进了一个与过去全然不同的新时代。

新制度下的学习与进步

　　新中国的成立是世界现代史上开天辟地的大事件。面对全新的社会制度，横跨新旧两个时代的科学家们以极大的热情和空前的干劲行动起来，积极适应新的工作环境，全身心地投入到开创新中国科技事业的伟业之中。

◎　化学家傅鹰作为抗美援朝慰问团成员对志愿军战士讲话。

◎　1949年1月北平解放后，曾是北京大学医学院学生的
　　沈渔邨（后排右1）参加了军事革命委员会卫生部接管
　　旧中国卫生系统的工作。图为接管人员合影。

◎　1950年地理学家、前中央大学教务长胡焕庸在北京华北大学参加
　　了为期一年的思想政治教育。

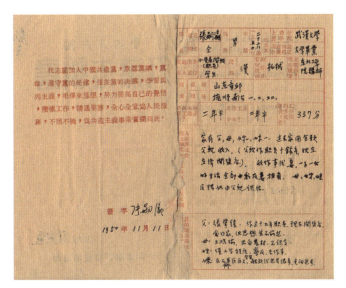

◎ 1950年在东北工学院担任讲师的张嗣瀛提交的入党志愿书。

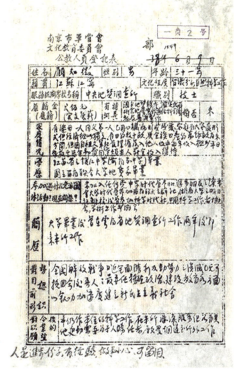

◎ 1949年4月南京解放后中央地质调查所
技士顾知微所填《公教人员登记表》。

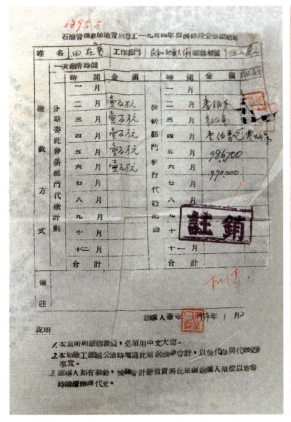

◎ 石油管理局西安地质局地质师田在艺1954年的经济
建设公债认购单。

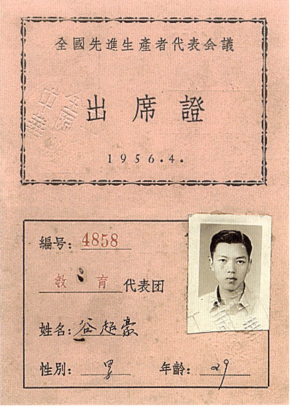

◎ 复旦大学数学教师谷超豪参加1956年全国先进生产者代
表会议的出席证。

科技梦·中国梦

中国现代科学家主题展画册

◎ 1949年11月，原在同济大学造船系兼课的杨槱向学校提请辞职，前往东北旅大担任工程师，支援造船工业。左图为致同济大学辞呈。右图为旅大行政公署工业厅的聘书。

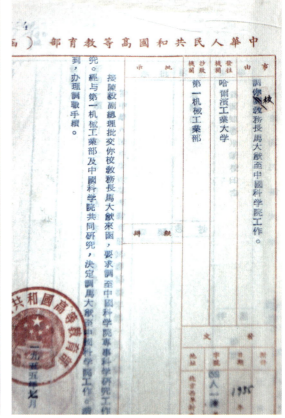

◎ 马大猷在哈尔滨工业大学工作三年后，申请调入中国科学院，以便有更多精力从事科研。左图为1954年颁发的哈工大教务长任命书。右图为1955年通过的工作调动申请函。

90

◎ 图为20世纪50年代初，在船舶工业管
理局担任工程师的许学彦（右2）与苏联
专家讨论设计问题。

◎ 图为1955年，侯仁之（①）在北京大学欢迎苏联专家格拉
西莫夫院士（③）。

◎ 图为1955年11月22日地质部陈梦熊（后排左2）等人与苏
联专家一起在三门峡坝址考察。

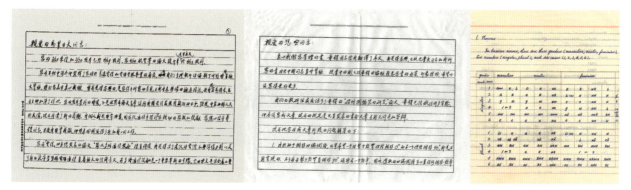

◎ 左图为成都电讯工程学院教授张煦向苏联专家易果日夫请教教学问题的信，中图为易果日夫的回信（两信均为中文译文首页）。
右图为张煦俄语学习笔记首页。

共和国科学事业的开篇

　　中华全国自然科学工作者代表会议从 1949 年 5 月开始筹备，于 1950 年 8 月 18 日在清华大学礼堂开幕。与会代表 469 人，声势浩大，规模空前。这一会议及之前筹备会一年多的工作，把全国的科学工作者组织起来，推选了科技界参加第一届中国人民政治协商会议的代表；确立了新中国的科学发展方针；成立了中华全国自然科学专门学会联合会（简称"全国科联"）和中华全国科学技术普及协会（简称"全国科普"）。

◎ 1949 年参加政治协商会议的科技界代表。后排左起：涂长望、恽子强、严济慈、靳树梁、蔡邦华；中排左起：姚克芳、贺诚、沈其益、丁瓒、乐天宇；前排左起：曾昭抡、茅以升、刘鼎、梁希、侯德榜、李宗恩。

◎ 1950 年 8 月举行的中华全国自然科学工作者代表会议。

建立人民的科学院

　　1949 年春，中央便决定成立"人民所有的科学院"。当年 11 月 1 日，中国科学院成立，之后陆续接收、重组原有科研院所，并根据国家需要新建了一批研究机构，至 1955 年全院共有 47 个机构。1955 年 6 月中国科学院学部成立，形成了我国独特的学术领导体制。

◎ 院长郭沫若　　　　　　　◎ 副院长李四光（左）、竺可桢（中）、吴有训（右）。

◎ 建院初期，党组织负责人恽子强（中）、丁瓒（右）和他们的朋友刘瑞龙（左）在北京。

◎ 20世纪50年代科学院相继成立了东北、西北等分院，逐步实现全国性的科研机构布局，推动各地区的科技发展。图为习仲勋对张稼夫来函的批复。

◎ 一批海外归来的科技专家相继来到科学院工作。图为杨承宗当时的工资待遇。

◎ 郭沫若主持院长办公会议。

◎ 1955年中国科学院颁给马大猷的聘书。

◎ 1957 年 1 月 24 日，郭沫若院长公布 1956 年度中国科学院科学奖金（自然科学部分）的评定结果。这是共和国第一次面向全国颁发科学奖金。图为《人民画报》的专版报道。

◎ 1955 年中国科学院学部成立大会会场。

建立科技界的人民团体

　　1950 年的科代会产生了全国科联、全国科普两个组织。全国科联的宗旨是联合全国自然科学专门学会，推动学术研究。全国科普的宗旨是普及自然科学知识，提高人民群众的科学技术水平。1958 年，经中央批准，两个组织在当年 9 月联合召开全国代表大会，正式合并成立中华人民共和国科学技术协会，李四光任主席。此后，中国科协成为联系广大科技工作者的桥梁和纽带，很多科学家积极投身科协组织的各种活动之中。

◎ 1950 年 9 月 16 日，全国科联举行第一次常务委员会会议。左图为会议记录。右图为全国科联主席李四光。

◎ 1950 年 9 月 22 日，全国科普常委会在北京举行第二次会议。左图为会议记录。右图为全国科普主席梁希。

◎ 图为中国科协第一届全国委员会主席团合影。

中国解剖学会第一届全国代表大会留影（1952年，北京）

◎ 1950 年，新中国成立后第一次植物分类学学术座谈会在中科院院部召开。前排左 5 王文采；四排左 5 吴征镒。

◎ 1952 年，薛社普（后排右 6）参加在北京召开的中国解剖学会第一届全国代表大会。

◎ 1954 年，中国气象学会会员代表大会，陶诗言（二排左 4）做了批评苏联气象理论的报告。

◎ 1957 年，曾德超参与筹建中国农业机械学会，创办了《农业机械学报》并任首任主编。

◎ 1959 年，吴佑寿在南京召开的全国电子学研究会上汇报访苏情况。

◎ 1960 年，刘玉清主持全国第一次心血管造影经验交流会。

◎ 1962年，同为中国科协副主席的桥梁专家茅以升（前）、外科学家黄家驷等参加在北京市少年宫举行的青少年科普活动。

◎ 1963年，沈允钢（四排右14）参加在北京友谊宾馆举行的中国植物生理学会成立大会。

向现代科学进军

为建设国民经济和国防事业，新生的人民共和国给予科技事业以极大重视，科学家们的报国之志得以充分发挥，他们努力把聪明才智贡献出来，谋划科技发展大局，开辟新的研究领域，许多学科迅速从无到有、由弱到强，形成较为完善的现代科学技术体系。

1956年1月中共中央召开知识分子问题会议。周恩来强调指出：科学是关系我们的国防、经济和文化各方面的有决定性的因素，必须赶上世界先进科学水平，制定十二年科学技术发展远景规划，向现代科学进军。

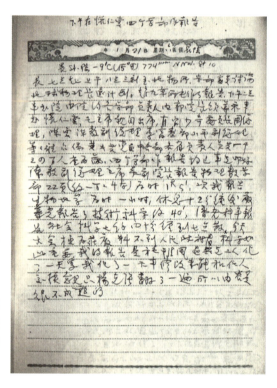

◎ 知识分子问题会议期间，中国科学院学部四位主任应邀分别介绍现代科学进展，图为竺可桢在21日写下的日记："料不到人民政府看科学如此重要。"

制订十二年远景规划

1956年，"向科学进军"的号角吹响，国务院开始编制《1956—1967年科学技术发展远景规划》（即《十二年科学技术发展规划》），全国600多位科学家和10余位苏联专家参与规划制定工作。

这一规划的制定和实施，对新中国科技体制的形成起到了决定性作用。

◎ 1956 年 3 月，规划编写小组开会讨论规划纲要，左 3 为钱学森，左 1 为苏联科学院科技情报研究所所长哈依洛夫。

◎ 1956 年，参加规划制订时，钱伟长（前排左 2）被任命为国务院科学规划委员会委员。图为 1956 年 5 月该委员会自动化小组全体留影。

关於發展声学研究工作的意见

馬 大 猷

（中國科學院應用物理研究所）

農業合作化的高潮和第一个五年計划首三年中工業建設的輝煌成就使我國經濟建設率赴社會改造的速度大大地提高了，全國人民都表現了蘇聯的社會主义建設熱情，我國過渡時期的总任务的完成比原來估計要早几年，在这个情況下，我們科學工作者一方面感到興奮，一方面也迫切要求加緊自己的工作以滿足國家對我們的期望。人民日目在无且日的赴論說：「農業、工業、商業的發展，可文化、教育、科學、衛生等工作也提出了要求。要求文化、教育、衛生工作的發展，要求在最短期间赶赴水平，要求科学和技術水平的大大提高，而不太长的期間赶赴和上世界先進水平，」「最后一句就是党和人民对科学工作者的号召，这也表示党对我國科学家的無限关怀，全國科学工作者都要疑地将熱烈地响应这个偉大的号召，貢獻出自己的一切知識和力量，完成在我國史無前例的最偉大的建設科学的任务。我怀着興奮和威激的心情，真心地擁护这个偉大的号召，認為能在建設過國科学的辦樓奉事中獻出自己錦薄的力量是一生的最大榮頭和光榮，加速器屬科学和技術，必須全面加以規划，有組織地進行。現將个人关於声学方面如何以最大速度屬科学和技術的一些見意提出來，以供討論和參考。

声学是一个古老的科学，但是也是新的科学。乐器的聲响可以做到以狀為時代，我國在先漢时代已掌握了制造管樂器的規件，鼎买音樂堂音垂量和罗馬时代已經完善。声学成为現代意义的科学在 19 世紀电已經發展到相當高的水平，近期則它仍是声学理論方面很有权威的經典著作──瑞利的「声学理論」──在 1877 年已出版。在其他科学方面使用 1877 年的主要基本著作的价很少，这說明声学是很古老的科学，但是在另一方面，只有在技族大量初期細也以后，声学工與電子学的使用和無線也量攝、留声机以及有电影的普播而加速被大規模地發展起來，近年来的电子的事体活动的电加，声学的發展更加增了，我們可以說，声学這門科学主要在 1925 年以來越它愈亦時，因此它也是一門年轻的科学。声学是物理学的一部分，但是它与其他部分不同，声学是光就接近技術科学的；它与國防和工业的关系十分密切，事实上世界上各國声学工作者如無線电專家

► 68 ◄ 科学通報 1956 年
第 123 页

◎ 1956 年，参加规划制订的声学家马大猷在《科学通报》第 2 期发表《关于发展声学研究工作的意见》，对中国应当优先考虑发展的声学分支提出了建议。

...学规划工作的科学家合影 1956.6.14.

培养共和国的科学家

科技发展的关键是发现人才、选用人才。为了十二年远景规划的落实和国家建设的长远需要，党和政府通过多种方式培养科技人才。在红旗下成长起来的新一代科技工作者，很快成为科技事业发展的新生力量。

加强专门院校建设

正规高等教育是培养科技人才的主渠道。20世纪50年代，通过学习苏联教育模式，新中国建立了一大批专科院校，培养专门人才。老一代科学家们担负起研究和教学的双重任务，新一代科技工作者伴随着共和国的建设事业迅速成长起来。

◎ 1953年6月，袁文伯（右4）等带领中国矿业学院建50班的学生从天津到北京了解矿院新校园建设情况。

◎ 徐僖所在的成都工学院建立了我国工科高校第一个塑料专业。图为该专业全体教师与首批毕业生合影。

◎ 20世纪50年代，周尧在西北农学院领导植棉组进行丰产试验。

◎ 1956 年张嗣瀛在给东北工学院学生们讲授理论力学课程。

◎ 为配合开发矿产资源的需要，曾融生（后排左 6）随傅承义在北京大学组建固体地球物理教研室。图为 1958 年该室合影。

◎ 王补宣与清华大学热物理专业首届毕业班合影。

◎ 北京钢铁学院是钢铁冶金及材料方面的专业学院。图为教务长魏寿昆在 1962 年学院成立十周年纪念大会上讲话。

◎ 中国科学技术大学放射化学与辐射化学系是为配合"两弹一星"研制而新建的专业。图为 1963 年杨承宗与该系第一届毕业生合影。

新中国的研究生教育也于这一时期启动。1955 年 8 月国务院批准《中国科学院研究生暂行条例》，标志着共和国初步建立了研究生教育制度。虽然并不正式授予学位，但在事实上培养了一批科学人才。

◎ 图为 1955 年 9 月 6 日《人民日报》社论。

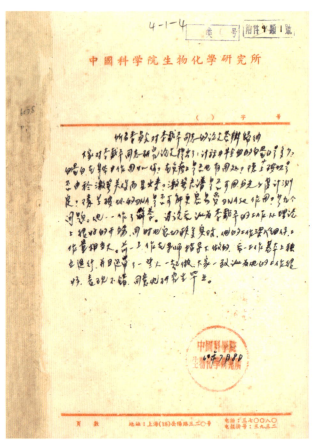

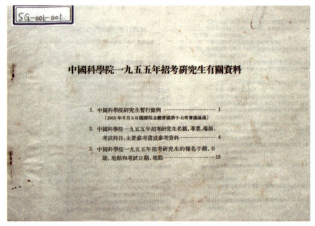

◎ 1955 年，李载平考取了中国科学院生物化学研究所研究生。上图为 1960 年所务委员会对李载平论文答辩的意见，同意其研究生毕业。下图为当年的招生简章。

◎ 刘新垣 1957 年考入中国科学院生物化学研究所读研究生。左图为他入学时的证件照。右图为 1963 年的研究生毕业证明。

◎ 这一时期，援华苏联专家也在一些国内科研机构帮助指导培养了一批研究生。图为 1958 年 9 月，中国科学院石油研究所苏联顾问卡列契茨指导的四位在职研究生卢佩章、叶祖衡、张晏清、奚祖威通过了相当于副博士的论文答辩。

赴苏联学习

在新中国成立之后的一段时期内，中苏两国保持着相当密切的关系。党和政府选派大批青年赴苏联学习进修，引进发展科学技术的制度、经验、方法和知识。这些留学生学成归国后，迅速成为所在学科专业的骨干。

◎ 1951 年 8 月沈渔邨（左 2）赴苏联莫斯科第一医学院留学，1955 年 8 月获副博士学位。图为 1953 年夏她与同学在波罗的海海滨。

◎ 作为第一批留苏研究生，冯叔瑜进入列宁格勒铁道运输工程学院建筑施工专业。1955 年 5 月获得副博士学位后回国。左图为他在苏联。右图为其副博士学位证书。

◎ 按照组织安排，彭士禄于1951年赴苏联学习化工机械。1956年即将回国时接到上级通知，与其他约40位中国留学生一道，被派往莫斯科动力学院核动力装置专业进修。右图为彭士禄（第四排右2）与同校进修核动力专业的中国留学生合影。左两图为1958年2月在莫斯科动力学院进修毕业时的毕业证明和所修课程。

◎ 1957年，张嗣瀛赴莫斯科大学数学力学系跟随苏联科学院通讯院士契塔也夫教授专攻自动控制理论。1959年7月完成进修任务后回国。左图为他赴苏联留学前的体检表。右图为同期回国的同学们离开苏联之前，后排右3为张嗣瀛、左5为谷超豪。

◎ 1957年，池志强在苏联列宁格勒儿科医学院药理教研室读研究生并任中共列宁格勒市中国留学生党总支书记。图为池志强（右）、师弟秦伯益（左）与导师卡拉西克院士。

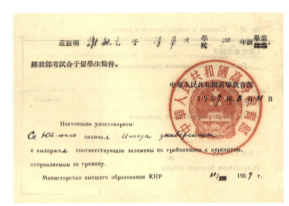

◎ 1957年谢毓元被派往苏联科学院天然有机化学研究所学习。上图为他去苏联留学时的入学证明，包括清华大学毕业证明。下图为1961年谢毓元（左4）在苏联进行副博士学位答辩后与同事同学合影。

◎ 1953年10月—1957年5月，周尧和在莫斯科钢铁学院冶金系读研究生期间研制的"砂型表面高温强度测试方法及装置"获苏联创造发明专利。回国之后苏联导师把专利证（上图）以及900卢布的专利奖金寄给周尧和，他把奖金全部捐献给国家。

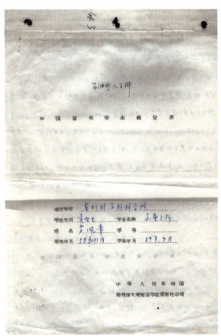

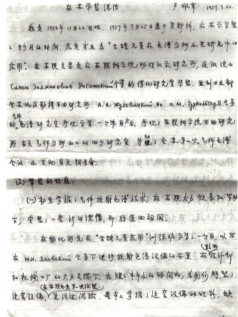

◎ 1959年卢佩章在苏联进修学习气体放射色谱技术。左图为中国科学院石油研究所留苏学生鉴定表。右图为卢佩章在苏联的学习总结。

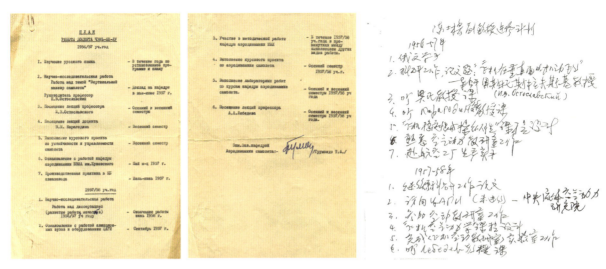

◎ 左二图为陈士橹1956-1958年在苏联莫斯科航空学院的进修计划（俄文）。右为陈士橹的亲笔翻译件。

据统计，20世纪50年代中国向苏联、东欧等国家派遣了约1.6万名留学生，其中很多获得了副博士学位，高景德（电机工程）、谷超豪（数学）、吴旻（医学）、侯云德（医学）等几位获得了博士学位。

◎ 1959年，谷超豪在莫斯科大学博士学位论文答辩会上作报告。

◎ 1958年，在苏联医学科学院实验与临床肿瘤研究所，吴旻（左）与导师、苏联医学科学院院士季莫菲也夫斯基。

举办培训班，快速培养科技人才

组织各种专题培训班，是 20 世纪五六十年代初期快速培养各领域急需科技人才、填补我国学科领域或技术门类空白的重要方式。它在一定程度上缓解了常规教育周期长与国家建设，尤其是落实十二年规划急需专门人才之间的矛盾。

◎ 1953 年举办第一届全国脑外科进修班，为后来中国神经外科学的发展奠定了基础。图中四排左 2 为王忠诚。

◎ 图为 1956 年中国科学院第一次放射性同位素应用讲习班留影。前排左 4 为杨承宗。

◎ 1956—1957 年，王世真在西安举办两期同位素测量仪器与同位素应用训练班，培养了第一批核医学及核生物学研究骨干。

◎ 吴浩青曾担任金属腐蚀与防护讲习班教师。

◎ 1959年7月，侯仁之与全国自然地理进修班全体成员在国子监。

◎ 图为实验医学研究所的骨干师资培训班，前排右1为薛社普。

◎ 1963年，唐敖庆在吉林大学举办为期两年的物质结构学术讨论班，从全国各高校挑选了8位正式学员，其中邓从豪、刘若庄、张乾二、孙家钟、江元生5位后来成为中国科学院院士。图为该讨论班学员情况登记表。

◎ 1960年全国放射学高级进修班结业合影。第一排右3为刘玉清。

为了祖国的科技事业

　　为了落实十二年远景规划，新中国的科学家们自觉把自身的事业追求深深融入国家发展之中，奋战在国防建设和国民经济的各条战线上，与祖国同呼吸、共命运，为共和国科技事业的发展作出了彪炳史册的贡献。

献身国防科技事业

　　20 世纪中期，随着世界政治军事格局的迅速变化，建设强大的现代化国防成为共和国科技发展的首要目标。新中国的科学家们义不容辞地担负起了独立研制发展核武器和导弹技术、打破超级大国核讹诈的神圣使命。根据中央安排，一大批科学家远离公众视线，甚至隐姓埋名奔赴大漠深处，为研制"两弹一星"、推进国防建设贡献出他们的卓越才华乃至生命。

◎ 1955 年，中共中央作出了发展原子能事业的决定。图为 1956 年中国原子能代表团访苏，朱光亚（右 3）、王淦昌（右 4）、赵忠尧（左 2）、何泽慧（左 3）在莫斯科。

◎ 钱学森在中国人造卫星的发展过程中起到关键作用。图为毛泽东与钱学森交谈。

◎ 1956 年 12 月，任新民作为中方代表参加苏联 P-1 近程弹道导弹交接仪式。

◎ 图为装配和测试中国第一颗人造卫星"东方红 1 号"现场。

◎ 1956 年 10 月国防部五院成立，庄逢甘被调到该院空气动力研究室担任副主任。图为建室初期的 18 人，后排左起 5、6 为庄逢甘及夫人戴淑芬。

◎ 1960 年 12 月国防部六院成立。1961 年6 月颜鸣皋所在的研究所划归六院，颜鸣皋于 1963 年 11 月穿上了军装。

◎ 1957 年底陈敬熊进入国防部五院二分院。左图为 1963 年的陈敬熊。右图为 1961 年国防部五院颁发的任命书。

◎ 图为 1962 年 2 月 2 日国防部五院科学技术委员会成立合影。

◎ 图为 1966 年 10 月聂荣臻与 "两弹结合" 参试人员合影。国旗下方为聂荣臻，其右侧第一人为谢光选，时任 "两弹结合" 技术
  协调小组组长。

◎ 1965—1974 年，陶诗言（左图）承担为原子弹和导弹发射试验提供天气预报的任务，十多次到试验基地工作。右图为1965 年他荣立二等功的喜报。

◎ 科学研究允许探索，允许失败。左上图为1962年我国自行设计的中近程导弹"东风二号"首发失败后，谢光选参与排查事故原因和修改设计方案。左图为1964年"东风二号"顺利通过全程试车时研制人员合影，左起：谢光选、梁守槃、刘诗川、屠守锷。

◎ 1964年，第一颗原子弹成功爆炸。程天民立即申请参加核试验。1965年总后勤部司令部批准军医大学参加第二次核试验。左图为该年参试队员自己动手修建实验用狗房。下图为1970年10月程天民（中）与戈壁战友在总后效应大队开屏驻地。

"两弹一星"研制大事记

1950 年 5 月 19 日　中国科学院近代物理研究所成立，开展原子物理研究。

1955 年 1 月 15 日　毛泽东主席听取李四光、钱三强的汇报，讨论并决定发展原子能工业。

1957 年 10 月 13 日　竺可桢、钱学森、赵九章等建议开展人造地球卫星研制。

1958 年 7 月 1 日　在苏联援助下，第一个原子反应堆和回旋加速器建成。

1959 年 9 月　　　　第一台大型计算机 104 机研制成功，投入原子弹理论设计等计算工作。

1962 年 11 月 17 日　"中央十五人专门委员会"成立，领导原子弹研制，周恩来总理任主任委员；1965 年起兼管
　　　　　　　　　　导弹和卫星，改称"中央专门委员会"。

1964 年 6 月 29 日　东风 2 号地地导弹飞行试验成功。

1964 年 10 月 16 日　中国第一颗原子弹爆炸成功。

1966 年 10 月 27 日　东风 2 号导弹运载核武器成功进行了"两弹结合"试验。

1967 年 6 月 17 日　中国第一颗氢弹空投爆炸成功。

1970 年 4 月 24 日　中国第一颗人造地球卫星东方红 1 号成功发射。

1970 年 12 月 26 日　中国第一艘鱼雷核潜艇下水。

1980 年 5 月 18 日　东风 5 号洲际导弹向太平洋预定海域首次发射成功。

1999 年 9 月 18 日　党中央、国务院、中央军委授予 23 名科学家"两弹一星功勋奖章"。

◎ 图为 1964 年第一颗原子弹试验后场区集体照。
前排左起王汝芝、张蕴钰、程开甲、郭永怀、彭桓武、王淦昌、朱光亚、张爱萍、刘西尧、李觉、吴际霖、陈能宽、邓稼先。

◎ 图为 1999 年 9 月 18 日 "两弹一星" 功勋科学家颁奖大会合影。

**1999年9月18日，中共中央、国务院、中央军委授予或追授23位为研制
"两弹一星"作出突出贡献的科技专家"两弹一星功勋奖章"**

于　敏　　出生于 1926 年，核物理学家

王大珩　　1915－2011 年，光学专家

王希季　　出生于 1921 年，卫星和卫星返回技术专家

朱光亚　　1924－2011 年，核物理学家

孙家栋　　出生于 1929 年，运载火箭与卫星技术专家

任新民　　出生于 1915 年，航天技术和火箭发动机专家

吴自良　　1917－2008 年，物理冶金学家

陈芳允　　1916－2000 年，无线电电子学、空间系统工程专家

陈能宽　　出生于 1923 年，金属物理学家

杨嘉墀　　1919－2006 年，卫星和自动控制专家

周光召　　出生于 1929 年，理论物理学家

钱学森　　1911－2009 年，空气动力学家

屠守锷　　1917－2012 年，火箭技术和结构强度专家

黄纬禄　　1916－2011 年，火箭技术专家

程开甲　　出生于 1918 年，核武器技术专家

彭桓武　　1915－2007 年，理论物理学家

王淦昌　　1907－1998 年，核物理学家

邓稼先　　1924－1986 年，核物理学家

赵九章　　1907－1968 年，地球物理学家。

姚桐斌　　1922－1968 年，冶金学和航天材料及工艺专家

钱　骥　　1917－1983 年，空间技术和空间物理专家

钱三强　　1913－1992 年，核物理学家

郭永怀　　1909－1968 年，空气动力学家

◎ 于敏　被称作"国产土专家一号"，形成了发展原子核理
论的清晰思路。他较早接受氢弹理论的预研任务，率先
牵住"牛鼻子"，突破氢弹原理。图为1984年于敏（右）
与邓稼先在核试验场地。

◎ 王大珩　留学英国时认识到光学技术的战略
价值，放弃博士学位进入公司学习光学玻璃制
造技术，回国后发展精密光学仪器，领导两弹
光学设备的研制。图为1964年7月邓小平等
参观长春光机所时，王大珩（右3）作讲解。

◎ 王希季　负责我国试验探空火箭等技术工作，并制定返回式
卫星的研制方案，为我国火箭和卫星技术达到国际先进水平
作出了突出贡献。图为1988年他查看返回式卫星内部情况。

◎ 朱光亚　早年被选派留美并从事核物理实验
研究。回国后培养人才，并担任核武器研制
的科学技术领导人，为"两弹"技术突破及
其武器化作出重大贡献。图为1964年第一颗
原子弹爆炸成功，他（左）与张爱萍（右）在
核试验场。

◎ 孙家栋　多年从事导弹总体设计，担任了我国第一颗人造
卫星的总体设计工作。是许多科学实验卫星、应用卫星系
统和探月工程的总设计师。图为20世纪80年代初他（左）
在中国空间技术研究院向王震介绍"实践一号"卫星。

◎ 任新民　领导我国早期多种液体导弹发动
机的研制工作，为两弹结合、洲际导弹、
卫星运载火箭的成功发射做出贡献。图为
1965年5月他（左）向刘少奇汇报弹道导
弹发动机的研制情况。

◎ 吴自良　气体扩散法分离铀同位素的关键是分离膜的制造，被称作"社会主义阵营安全的心脏"。吴自良试制成功了"甲种分离膜"并投入使用。图为他（前排左2）、邹世昌（左3）等讨论分离膜技术方案。

◎ 陈能宽　负责爆轰物理实验工作，通过实验途径解决核武器爆轰设计问题，验证了"内爆法"的关键环节。领导实验部门完成了原子弹、氢弹的"冷试验"，并改进核试验方式。图为1984年在核试验基地，左起：高潮、陈能宽、李英杰、邓稼先、于敏、胡仁宇。

◎ 周光召　主动请缨从苏联回国接受核武器研制任务。他巧妙构造模型解决了原子弹理论设计中的关键问题，并组织探索研制氢弹，领导原子弹武器化的理论设计工作。图为1957年他（右2）与王淦昌（右1）、赵忠尧（左1）、胡宁（中）在苏联杜布纳研究所。

◎ 陈芳允　我国电子学领域的开拓者，不仅研制核试验需要的脉冲检测仪等多种设备，还接受我国第一颗人造卫星的地面跟踪任务。图为青年时代的陈芳允。

◎ 杨嘉墀　致力发展我国自动化学科，配合国防建设，设计了火箭实验仪表、导弹热应力试验室设备、核反应堆控制系统、核爆炸自动化测试仪器等。领导研制我国第一颗人造地球卫星姿态测量系统。图为1980年他在美国国际仪器仪表学会会议上。

◎ 钱学森　在美国曾从事火箭研究，回国后从技术上全面领导我国火箭导弹和航天事业，创建力学和火箭导弹研究机构，并将其科技管理实践提炼为系统工程理论。图为1956年钱学森在中国科学院力学研究所办公室。

◎ 屠守锷　火箭技术和结构强度专家，领导和参加了我国初期地空导弹的仿制和研制、中近程、中程地地导弹的研制，担任洲际导弹和"长征二号"运载火箭的总设计师。图为1990年他（前左2）参加长征2E首发飞行仪式。

◎ 黄纬禄　担任我国导弹控制系统的研制工作，从仿制到自行设计的系列型号，一直全面负责研制液体导弹的控制系统。后主持我国第一代固体潜地和地地战略导弹的研制工作。图为黄纬禄在20世纪70年代。

◎ 程开甲　第一个计算出原子弹爆炸的弹心温度和压力。受命创建核试验研究所，是核试验总体技术的设计者。图为1966年在氢弹试验现场，左起：程开甲、王汝芝、陈能宽、张震寰、李觉。

◎ 彭桓武　在领导和参加原子弹、氢弹的原理突破和战略核武器的理论研究、设计工作方面作出了突出贡献，后致力基础理论研究。他发扬学术民主，奖掖后进，"是一个真正的淡泊名利的人"。图为20世纪80年代初他在寓所工作。

◎ 王淦昌　苏联专家撤走后，"愿以身许国"的王淦昌中断了在苏联的高能物理研究，隐姓埋名领导了我国原子弹爆轰实验、氢弹原理试验以及地下核试验。图为1980年他在原子能研究所作关于惯性约束聚变的学术报告。

◎ 邓稼先　负责领导核武器研制中最关键的理论设计工作，先后突破原子弹与氢弹的技术难关，致力于核武器的改进。因在试验中遭受辐射，他罹患癌症而辞世。图为1966年在天安门观礼台上，左起：钱学森、邓稼先、朱光亚。

◎ 赵九章　最早提出了我国人造卫星的总方案，组织火箭探空试验和卫星预研工作，论证第一颗卫星的技术方案，领导卫星设计院，制定卫星系列发展规划。不幸于"文化大革命"中蒙难。图为1965年赵九章访问瑞典期间，看望求学时代的指导教授。

◎ 姚桐斌　领导了我国导弹与航天材料工艺研究，提出航天尖端材料的发展方向，组织材料工艺的预先研究，为航天科技事业奠定了坚实的基础。"文化大革命"中被殴打致死。图为1967年他的最后一张全家福。

◎ 钱骥　是我国空间技术的开拓者之一，参加了探空火箭和卫星预研，担任第一颗人造卫星的技术总体负责人，提出发展返回式卫星设想。图为1962年他与赵九章（右）在意大利米兰参加原子能与国际空间科学会议。

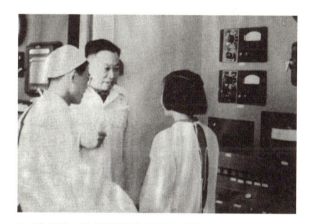

◎ 钱三强　是中国原子能科学事业的主要创始人，领导建立原子能研究基地，聚集和培养了大批科学技术人才，发挥了出色的组织才能。图为1959年钱三强（中）在重水反应堆控制室指导工作。

◎ 郭永怀　他为中国核弹，氢弹和卫星实验工作均作出巨大贡献。他是获得"烈士"称号的科学家。1968年12月5日，他从青海试验基地赴北京汇报。飞机降落时发生坠毁事故，他不幸遇难，时年59岁。飞机失事临难的最后一瞬间，他与警卫员紧紧相拥，用身体掩护了装有宝贵科研资料的公文包。

服务经济建设

　　知识就是力量，科学技术是第一生产力。发展国民经济、增进人民福祉是十二年远景规划的重要内容，也是科学家的职责所在。为了实现规划的目标，很多科学家放弃了自己深爱的学科专业和研究方向，走出教室、走出实验室，深入工厂、矿山、原野、田间，奔向科学技术与生产实践相结合的第一线。在新中国经济建设的各条战线上，处处活跃着科学家们矫健的身影，时时闪耀着科学家们智慧的光芒。

开展资源考察

　　发展国民经济，推进社会主义现代化建设事业，首先需要摸清共和国的自然资源家底，了解中华大地的地质构造和矿产资源储藏情况，重大工程项目也都离不开前期的资源考察与地质勘探。五六十年代轰轰烈烈的基础设施建设当中，科学家们承担着开路先锋的重要任务。

◎ 1953年10月，竺可桢（左3）、李庆逵（左1）、赵其国（左2）在华南考察橡胶宜林地时合影。

◎ 1960年，周镜赴西藏开展盐湖与盐渍土地质考察。

◎ 1954年5月，王鸿祯（右3）在中条山铜矿区进行野外考察。

◎ 1950 年，曾融生和顾功叙在北京官厅水库对
坝址和基岩进行勘测，坐者为曾融生。

◎ 1957 年，在舟山海岸调查海蚀地貌时，陈吉
余手持钢尺。

◎ 1959 年，李博参加中国科学治沙队巴丹吉林
沙漠考察队。

为祖国献石油

　　石油是现代工业的血液。新中国成立之初，我国石油工业基础薄弱，炼油能力和技术水平远远不能适应现代化建设的需要，催化剂产品全部依靠从苏联进口。为了甩掉"贫油国"的帽子，新中国的科学家们付出了艰苦卓绝的努力。

◎ 图为刘广志（立右1）与全体钻井职工准备出发赴天安门参加开国大典。

◎ 1955年闵恩泽、陆婉珍回国。图为闵恩泽（右1）、陆婉珍（左2）等人在石油工业部北京石油炼制研究所筹建处。

◎ 图为60年代中期李德生（右2）参加四川开气找油会战。

◎ 大庆油田的发现是我国石油工业史上最重大、最振奋人心的事件之一，为我国摘掉了"贫油"的帽子。1960年1月，田在艺奉调参加松辽石油大会战，担任会战指挥部副指挥兼总地质师等职务。图为田在艺于2000年前后回忆大庆油田发现过程的手稿。

◎ 1955年6月，谢家荣（中）、黄汲清（谢家荣左前）参加地质部新疆石油普查大队进行石油地质考察。

投身基础设施建设

集中力量办大事是社会主义制度的突出优势，也是新中国建设发展的一条成功经验。从 20 世纪 50 年代起，新中国兴建了一大批铁路、水坝、电站、水库等基础设施，科学家们在工程技术舞台上忘我地贡献着智慧和力量。

◎ 1958 年，张光斗作为总工程师主持设计了华北地区库容最大的密云水库，左图为他审定和批准签发的密云水库总布置图。右图为 1958 年 6 月 26 日周恩来到密云潮河水库南碱厂坝址视察，张光斗（左起站立第 3 人）在现场汇报。

◎ 20世纪50年代侯仁之为建设十三陵水库而作的预想图之一。

◎ 成昆铁路建设中，冯叔瑜所在工作组于 1965 年在湘潭进行聚能药包穿孔实验。

◎ 武汉长江大桥设计组部分成员，站者左 5 方秦汉，左 8 潘际銮，左 9 王序森。

◎ 50年代方秦汉（坐者）在桥梁测绘现场。

心系民生

　　完成工业化、实现伟大祖国的繁荣富强是近代以来几代中国人不懈追求的美好梦想。新中国相对稳定的政治经济环境，终于可以使科学家们放手革新技术、发展现代工业，满足人民群众不断增长的物质和精神文化需求。

◎ 1956 年起，叶培大（中）率先在国内开展微波通信研究。

◎ 1958 年，吴佑寿的小组研制成功我国第一部 8 路脉码调制电话终端设备，在教育部主办的科技展览会展出。

◎ 20 世纪 50 年代末，刘源张在北京国棉一厂成功解决了低级棉纺优级纱的难题。图为 1958 年他（二排左 1）与该厂工人合影。

◎ 20 世纪 50 年代初，朱尊权等人提出中国烤烟分级标准原则。

◎ 为完成中央布置的"研制我国最好的卷烟"任务，朱尊权等人研制出"中华牌"卷烟（下图）。

◎ 20 世纪 60 年代初，方心芳（左图）帮助茅台、汾酒等酿酒厂进行酵母的分析与选择。有些菌种几十年来一直为酒厂所采用。右图为 1960 年在茅台酒厂作学术报告的记录。

◎ 曾呈奎在研究人工养殖紫菜、海带等方面成绩巨大。图为他在西沙群岛考察期间下海采集海藻。

◎ 1957 年，郁铭芳参加筹建我国首家化学纤维实验工厂，1958 年，纺出第一根合成纤维锦纶丝。下图为其论文手稿。

◎ 许学彦主持设计的我国第一艘万吨级远洋货船"东风号"于 1960 年下水。

为农业生产服务

　　民以食为天，食以粮为基。作为世界头号人口大国，要做到粮食自给，避免历史上频繁发生的饥荒灾难重演，必须大力发展现代农业科技，大幅度提高粮食产量。这为科学家们提供了广阔的用武之地。

◎ 自1951年6月起，西藏工作队分批赴藏进行综合考察。左图为西藏工作队第二批科学家1952年集体合影于拉萨，前排右5为土壤学家李连捷。右图为工作队农业科学组成员庄巧生1953年春在布达拉宫前。

◎ 图为1951年西北农学院吸浆虫防除工作组出发前合影。

◎ 图为1965年1月13日，卢良恕（右边讲话者）在江苏省涟水县李集公社李集大队薛庄生产队向农民谈农业生产规划。

◎ 20世纪50年代，陈俊愉在武汉大学园艺场进行菊花研究。

◎ 左图为1958年王鹏飞发表文章，引发各省人工影响天气的热潮。

◎ 右图为1956年曾德超发表文章呼吁加强农业科技研究。

◎ 李鹏飞1949年回国后，很快成为岭南大学农学院和华南农学院科研和业务骨干。

发展医疗卫生事业

医疗卫生工作直接关系到人民群众的身心健康和生活质量，建设系统完整的医疗保健体系是新中国的重要任务之一。从手术台、实验室到穷乡僻壤，乃至朝鲜战场，到处都留下了医药卫生工作者的足迹与汗水、艰辛与荣誉。

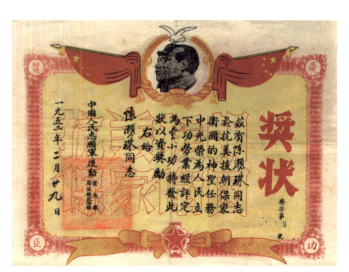

◎ 1951 年，陈灏珠参加抗美援朝医疗队，并参与创办了东北军区军医学校。

◎ 抗美援朝战争爆发后，大批医护人员奔赴战场，勇敢地担负起救死扶伤的人道主义责任。图为某医疗队在鸭绿江边。

◎ 1951 年冬，天津抗美援朝医疗队到达吉林洮南，王忠诚（三排右 2）为第三组组长。

◎ 1956年，黄志强（右1）所在的重庆西南
　医院集体入伍。图为参加军事射击训练。

◎ 1962年，北京阜外医院放射科开展肿
　瘤放射治疗工作。图为刘玉清（右）与
　技师在钴-60治疗机旁。

◎ 1959年归国华侨李桓英被分配到中央皮肤性病研究所工作。左图为1963年她（中）与马海德（右2）、胡传揆（左2）等合影。
　右图为1964年赴香港探亲，拒绝与父母同去美国，并自费购买了实验室所需仪器回到大陆。

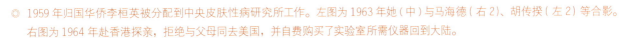

◎ 1958 年, 张涤生参与抢救钢铁工人邱财康。患者全身严重烧伤总面积超过 90%。这次抢救成功是烧伤医学的一项奇迹。图为张涤生(右3)等专家在抢救期间查阅文献资料。

◎ 20 世纪 50 年代, 肝脏外科手术在国内是个"禁区"。经过一段时间的摸索和动物实验后, 吴孟超于 1963 年初夏成功地完成了第一例中肝叶切除术, 突破了肝脏外科手术"禁区中的禁区"。图为吴孟超(右)、张晓华、胡宏楷组成的"三人小组"在制作肝脏血管铸型标本。

◎ 唐仲璋于 1953—1960 年带领师生进行我国两种血丝虫病病原(马来丝虫和班氏丝虫)和不同媒介分布及流行病学的比较研究。图为 1955 年他带领唐崇惕夜间在煤油灯下为群众验血查找血丝虫病人。

专心科学研究

　　基础研究虽然在短期内看不到实际应用的成效，也难以准确判断它所带来的经济效益，却代表着科学发展的方向和前沿，是技术进步的重要基础。党和政府尽最大可能地提供便利，支持科学家们努力攀登世界科学高峰。科学家们也沉心静气、刻苦钻研、不懈努力，为我国基础科学发展打下了坚实的基础。

◎ 冯康（右2）在解决大型水坝计算问题的基础上独立于西方创造了有限元方法，在国内许多工业部门应用。

◎ 1957年"北半球范围大型天气过程变化机构"研究题目计划书，题目负责人为顾震潮和叶笃正。

◎ 1953年，南京大学青年教师王业宁（前左）被派至中科院金属研究所学习金属物理，由此踏上了内耗研究的道路。图为1954年与金属所同学合影。

　　她的研究在各个阶段不一样，最早期的、比较有成就的，是从50年代后期到60年代初期这一段。那段时间各个高校里比较注重科研，她是在这段时间起步的，1953年到沈阳跟葛庭燧学，回来以后做了一些工作，发表在《中国科学》和《物理学报》上。那时候国内在内耗界，除了葛庭燧以外她算是做得不错的。

　　　　　　　　——朱劲松（王业宁的学生）访谈，2012年3月14日

◎ 1962年，华南植物所所长陈焕镛邀请中科院植物所分类室人员到广州参加《海南植物志》审稿，后排左3为王文采。

◎ 20世纪60年代，张宏达在野外做植物生态考察。

◎ 1964年，邓小平、蔡畅（右1）、杨尚昆（右5）等视察昆明植物研究所，吴征镒（左1）介绍云南植物资源情况。

展示新中国的科学形象

　　新生的共和国迫切需要得到其他国家的认可和尊重，尽可能通过各种渠道向世界展示光明、进步、繁荣的新形象，科学技术是其中重要的一环。通过开展科技合作、举办国际会议、向第三世界国家提供援助等手段，党和政府努力塑造新中国的科技形象和大国地位，科学家们在其中扮演着重要角色。

◎ 1955 年戴芳澜（左 2）与丁颖（左 4）当选民主德国农科院通讯院士。

◎ 1960 年吴有训代表中国科学院在伦敦向英国科学大臣递交祝贺皇家科学院 300 周年贺词。

◎ 1964 年，由中国科协和世界科协北京中心举办了"北京科学讨论会"，来自亚非拉和大洋洲 44 个国家和地区的 367 位代表参加。左图为 8 月 21 日大会开幕式。右上图为施雅风、刘东生在讨论会上做关于希夏邦马峰考察的报告。此外，钮经义、邹承鲁等关于人工合成结晶牛胰岛素的报告，陈中伟关于中国创伤外科进展的报告等都引起很大关注。右下图为施雅风等在希夏邦马峰考察冰川。

◎ 图为中国代表团团长、中国科协副主席周培源与澳大利亚科学家在会议上讨论。

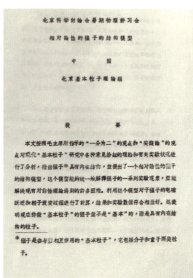

◎ 继北京科学讨论会之后，1966 年 7 月，在北京又举行了暑期物理讨论会，来自亚、非、拉和大洋洲 33 个国家的 144 名物理学家围绕基本粒子、核物理、固体物理等进行了交流。左图为 1966 年 7 月 31 日的闭幕式。右图为北京基本粒子理论组提交此次讨论会的材料。

支援亚非拉

为支援亚非拉新兴民族国家或地区的经济建设，同时提升新中国的国际地位，打破封锁，我国政府向亚非拉国家提供了大量援助，包括派遣医疗队、工程技术人员等。这种援助即使在"文化大革命"期间也没有中止。

◎ 从 1962 年至 1965 年，吴阶平先后五次率医疗组到印度尼西亚。图为 1962 年医疗组在中国驻印度尼西亚使馆，前排右 3 为吴阶平。

◎ 裴荣富自 1972 年先后参加了援助巴基斯坦和苏丹的工作，图为他与苏丹地质学家在红海山区调查铁矿。

◎ 图为 1971 年 4 月刘玉清参加支援阿尔巴尼亚医疗队期间在地拉那人工湖畔。

◎ 图为 1978 年 9 月沈其韩在坦桑尼亚姆贝亚省求尼亚县依太威铁矿勘探工区宿舍前。

◎ 图为 1965 年赵其国在援助古巴时为当地民众讲解土壤知识。

◎ 图为 1976 年抗疟药——青蒿素合成后用于支援柬埔寨。

逆境中的坚守

　　频繁的政治运动也给科学家们带来了干扰和困难，十年"文化大革命"更使科研秩序遭到严重破坏，有些科学家甚至连人身安全也得不到保障。即使在这种环境下，许多科学家仍然想方设法开展科学研究，国家也发展、保护了一批重要科研项目，取得了一批重要成果。

◎ 1965 年 11—12 月，中科院郭沫若院长亲自率领近 20 位科学家前往山西农村参观"四清"运动，在刘胡兰烈士纪念碑前合影。参观团成员有施汝为、陈世骧、潘孝硕、秦仁昌、林镕、邓叔群、卞彭、蔡邦华、张文裕、汪德昭、吴仲华、傅承义等 11 位一级研究员和 7 位二级研究员。

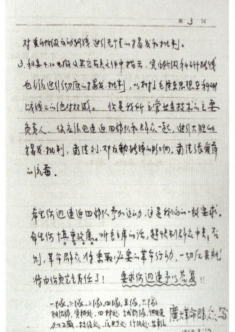

◎ 1967 年 9 月 17 日，程开甲所在工作单位的"革命群众"要求他从速归队参加运动。

◎ 1960 年，为照顾科研人员生活，沈阳市政府给他们发了鸡饲料，每家都养了几只鸡。图为师昌绪在养鸡。

◎ "文化大革命"时，王业宁不能读书工作，给孩子们织了很多毛衣。

◎ 1970 年薛社普（三排右 7）在江西永修县"五七"干校。

坚守科研

◎ "文化大革命"期间，我国成功合成结晶牛胰岛素。图为 1978 年 12 月 14 日，聂荣臻副总理接见参加胰岛素总评会的全体同志。

◎ 为援越抗美，国家组织了抗疟疾药物青蒿素研发的"523 任务"，于 1967 年 5 月 23 日启动，全国 60 多个单位的 500 多名科研人员组成了抗疟新药研发大军。图为 1970 年越南河内防化院照片。

◎ 1972 年，王世真主持召开了全国原子医学经验交流会。

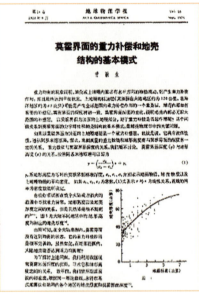

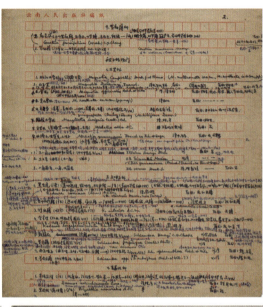

◎ 左图为1973年《地球物理学报》复刊，第1期登载曾融生在"牛棚"里打好腹稿的论文。

◎ 右图为吴征镒利用劳动改造烧锅炉的空余时间，利用废旧稿纸写成四大本79万余字文稿，成为《新华本草纲要》（1988年出版）的底本。

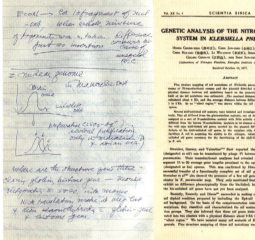

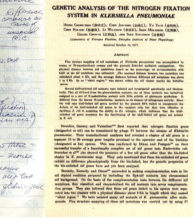

◎ 1976年，刘源张到北京清河毛纺厂举办全面质量管理的第一个讲习班。两图为讲习班活动。

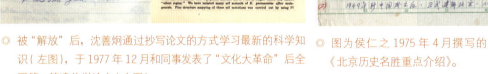

◎ 被"解放"后，沈善炯通过抄写论文的方式学习最新的科学知识（左图），于1977年12月和同事发表了"文化大革命"后全国第一篇遗传学论文（右图）。

◎ 图为侯仁之1975年4月撰写的《北京历史名胜重点介绍》。

◎ 1971 年，徐叙瑢在"下放"的农村茅屋中搞研究。

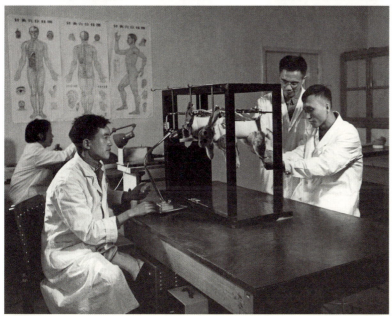

◎ 1972 年，韩济生进行家兔针刺镇痛实验。

◎ 柯俊在北京钢铁学院"理论组"接受"再教育"时，利用现代仪器研究金属文物，进行中国冶金史研究。图为1976 年与夏鼐（左）在安阳工作站。

为人民服务

◎ 1966年黄志强下放医疗队时，在当地为百姓查体。

◎ 盛志勇在山西省昔阳县大寨大队为郭凤莲的儿子看病。

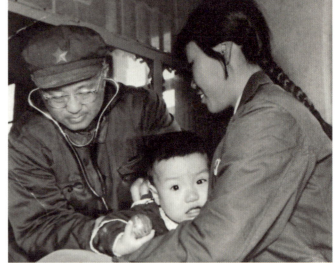

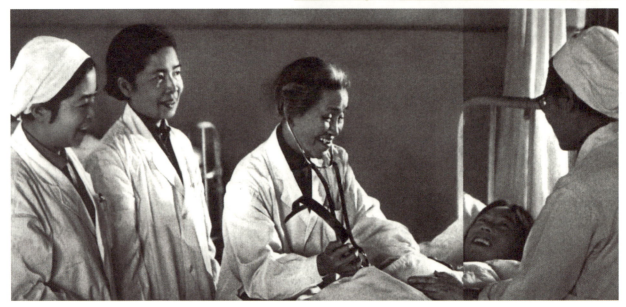

◎ 1972年2月，林巧稚在协和医院为妇产科病人诊断。

◎ 袁隆平从 1964 年开始研究杂交水稻种植技术，图为 1971 年在协作组会议上讲话。

◎ 1974 年胡丰贤（前）到云南永善大关进行地质考察。

◎ 1975 年余松烈给山东滕县"五七"农大学员讲授小麦精播高产栽培的理论和技术。

◎ 1976 年唐山地震后，李国豪（中）到现场研究如何有效抗震。

1978年召开的全国科学大会，宣布了科学春天的到来。面对滚滚而来的新科技革命大潮和日新月异的世界科技发展格局，科技工作者振作精神、奋起直追。老科学家们积极布局谋篇，调配人才，为党和国家发展科学事业献智出力。中年学人厚积薄发，向着世界科技前沿奋力攻关，更有得风气之先者勇于弄潮，投身经济建设主战场，奋力推进科技成果转化与应用。旅居海外的华人科学家们坚守家国情怀，奔走中西，提携后进、作育人才。年轻一代学子积极向学，形成了新一轮出国热潮，以期学成报国。一时间，几代科学家群英云集、老少同心，在更高的起点上，以更高的标准和要求，与时间赛跑、与西方同行争先，全力推进科学技术现代化、努力攀登世界科技高峰，取得了举世瞩目的科技成就，开创了中国科技事业发展的全新年代，为实施科教兴国战略描绘了浓墨重彩的一笔。

第四章

在科学的春天里

（1978年—20世纪末）

重返科学舞台

渡尽劫波，老科学家们大多已进入耳顺之年，十年"文化大革命"造成的人才断层、国家建设的紧迫需要以及发展中国科技事业的强烈责任感，激励着他们再一次焕发出青春和活力，义无反顾地坚守工作岗位，瞄准世界科技前沿，带学生，搞科研，开拓创新，奋力向前，勇做向科学技术现代化进军的排头兵。

参加全国科学大会

1978年3月18日召开的全国科学大会上，邓小平号召全体科学工作者"树雄心，立壮志，向科学技术现代化进军"，郭沫若大声欢呼科学春天的到来，国家再次把科学技术工作置于优先发展的重要地位，极大地鼓舞了广大知识分子的士气。

◎ 邓小平在全国科学大会开幕式上讲话。

◎ 1978年《人民日报》对全国科学大会的报道。

◎ 1978年全国科学大会期间，中央领导接见云南、四川、西藏、贵州四省（区）与会代表并合影。

◎ 神经外科专家王忠诚(左3)荣获"全国科学大会先进工作者"称号。

◎ 植物学家吴征镒(右1)与兄长吴征鉴(右2)、吴征铠(左1)同时与会,吴白匋(左2)来京,四兄弟齐聚科学的春天。

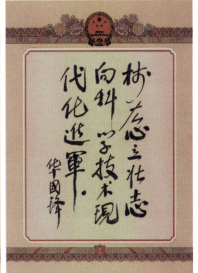

◎ 生殖内分泌专家肖碧莲所在单位负责研制的短效1号、2号避孕片获全国科学大会奖。

◎ 中科院《参加全国科学大会筹备工作简报》对气象学家叶笃正事迹的报道。

◎ 自动控制专家黄纬禄出席会议的代表证。

◎ 两代数学家在大会期间,左起:华罗庚、陈景润、杨乐、张广厚。

科学大会群英谱

◎ 物理学家周培源（左）和水利水电专家张光斗（右）。

◎ 工程热物理学家吴仲华（左2）和无机化学家柳大纲（左3）。

◎ 实验胚胎学家童第周（左）和细胞生物学家贝时璋。

◎ 光学家王大珩（右）和数学家苏步青。

◎ 物理化学家卢嘉锡（左）和感光化学家苏子蘅。

◎ 植物生理学家罗宗洛（中）和殷宏章（左）、微生物生化学家沈善炯（右）。

◎ 力学家钱学森。

◎ 核物理学家钱三强。

◎ 理论化学家唐敖庆。

◎ 高能物理学家张文裕。

◎ 农学家金善宝。

◎ 土力学家陈宗基。

◎ 古脊椎动物学家杨钟健。

◎ 生物化学家王应睐。

◎ 胸外科学家黄家驷。

◎ 妇产科专家林巧稚。

◎ 气象学家叶笃正。

◎ 昆虫学家蒲蛰龙。

◎ 物理学家黄昆。

◎ 桥梁专家茅以升。

◎ 地质学家尹赞勋。

增补学部委员

　　"文化大革命"结束时，1/3 的中国科学院学部委员已经去世，其余 2/3 平均年龄已超过 73 岁。1980 年中国科学院恢复学部委员制度，有 283 人新当选学部委员。

◎ 20 世纪 50 年代当选的部分学部委员于 1978 年合影（当时有 117 名在世）。第一排自左起，钱三强、童第周、华罗庚、李昌（左 5）、俞大绂（左 6）、李连捷（左 7）、蔡翘（左 11）；第二排：茅以升（左 4）、张孝骞（左 7）、周培源（右 3）、裴文中（右 6）；第三排：殷宏章（左 2）、赵忠尧（左 3）、贝时璋（左 4）、卢嘉锡（左 5）、吴仲华（左 6）、汪德昭（左 8）、钱学森（左 9）、严济慈（左 11）；第四排：陈世骧（左 4）、诸福棠（左 7）、钟惠澜（左 8）、蔡邦华（左 9）、傅承义（左 11）；第五排：黄秉维（左 2）、侯祥麟（左 5）、顾功叙（右 3）；后排：苏步青（右 7）、柳大纲（右 5）、王淦昌（右 3）。

◎《人民日报》公布的学部委员名单。

◎ 1980 年南开大学化学系 5 位教授新当选学部委员。前排左起何炳林、高振衡、陈茹玉，后排左起陈荣悌、申泮文。

◎ 北京钢铁学院 1980 年当选的学部委员合影，右起：肖纪美、魏寿昆、柯俊。

◎ 冯康（左）、冯端兄弟二人 1980 年同时当选为中科院学部委员。

◎ 1980 年增补的 14 位学部女委员于 1981 年 5 月合影。前排左起：叶叔华、沈天慧、何泽慧、谢希德、黄量、高小霞、李敏华、陈茹玉；后排左起：李林、郝诒纯、池际尚、王承书、蒋丽金、林兰英。

◎ 1980 年前唯一的学部女委员林巧稚。

走上科技事业领导岗位

面对改革开放的新形势，一批老科学家勇于任事，凭借深厚的专业学养，严谨的科学精神和高度的责任意识，挑起了科技事业领导者的重任，积极贯彻党和国家在科技方面的方针政策，布局谋篇，调配人才和资源，为科技发展作出了卓越贡献。

◎ 1980 年 7 月 24 日，钱三强应邀在中南海为中央书记处做科技系列讲座的首场演讲。胡耀邦、万里等到场。

科学报 KEXUE BAO
第 384 期 1980 年 7 月 31 日
中国科学院科学报编辑部

科学家给中央领导同志讲科学

本报讯 中共中央书记处成立后，胡耀邦同志代表书记处正式邀请科学家们给书记处的同志当老师。受中央书记处的委托，讲课工作由我院负责牵头，中国科学院、二机部、七机部、农业科学院、林业科学院、医学科学院和北京大学等单位的五十位专家参加撰写和审议讲稿。他们中有清华的科学家钱三强、华罗庚、王淦昌、马世骏、侯学煜、黄秉维、吴仲华、郭慕孙、叶连俊、涂光炽、曾呈奎、张执一、马大猷、冯康、方肇伦、徐冠仁、陈述、林昌善、张恩芬等。

科学家们给中央领导同志讲课的内容，初步拟订了以下十个课目：

一，科学技术发展的简况；
二，现代科学技术的特点和发展趋势；
三，现代科学技术和大农业的发展；
四，从能源科学解决能源危机的出路；
五，资源和资源的合理利用；
六，人口的科学控制；
七，现代化和环境保护；
八，计算机和新的科学技术革命；
九，空间科学技术和国防现代化；
十，数学在现代化建设中的作用。

七月廿四日，钱三强同志已讲了第一课，中央书记处和国务院领导同志所听专家讲课的活动，将根据拟订的计划在今后继续进行。

胡耀邦邀请科学家给中共中央书记处讲现代科学知识的实际课程		
讲课时间	主讲人	讲课内容
1980 年 7 月 24 日	钱三强（物理学家）	科学技术发展的概况
1980 年 8 月 14 日	吴仲华（工程热物理学家） 鲍汉琛（能源科学家） 王淦昌（核物理学家）	能源问题
1980 年 10 月 7 日	涂光炽（矿床学及地球化学家） 叶连俊（地质学家）	资源及其合理利用
1981 年 2 月 17 日	马世骏（生态学家） 刘静宜（无机化学和环境化学家）	现代化与环境保护
1981 年 11 月 2 日	徐冠仁（核农学家） 侯学煜（生态学家）	现代科学技术和大农业的发展

◎ 化学家卢嘉锡1981年5月当选中国科学院院长，核物理学家钱三强等担任副院长。图为1978年卢嘉锡等讨论固氮酶的作用机理及其模拟和利用。

◎ 物理学家周培源于1980—1986年担任中国科协主席。图为周培源（右）和吴健雄（中）、袁家骝（左）合影。

◎ 1977年底国家科学技术委员会恢复。工程控制论专家宋健1984年担任国家科委主任。图为1985年宋健在夏威夷东西方中心人口研究所作学术报告。

◎ 物理学家周光召1987年担任中国科学院院长，1996—2006年担任中国科协主席。图为周光召在中科院院长办公室。

◎ 力学家钱学森于1986—1991年担任中国科协主席。

◎ 1981年89名学部委员联名向中央建议设立中国科学院科学基金，面向全国资助基础研究。在此基础上，1986年国家自然科学基金委员会成立，为中国基础研究的发展和整体水平的提高作出了贡献。图为80年代初，卢嘉锡（左）、严东生（中）和谢希德（右）主持中国科学院科学基金委员会会议。

◎ 1986年化学家唐敖庆任国家自然科学基金委员会第一任主任。图为1977年唐敖庆研究分子轨道理论。

◎ 1986年王淦昌、杨嘉墀、王大珩、陈芳允联名向中央提出了《关于跟踪研究外国战略性高技术发展的建议》，催生了"863计划"。上图为1991年4月25日王淦昌、杨嘉墀、王大珩、陈芳允（右起）荣获"863计划"荣誉证书。左图为1996年"863计划"十周年高科技成果展。

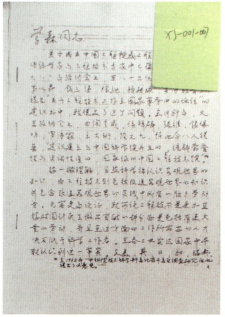

◎ 图为罗沛霖就成立中国工程院的问题写给钱学森的信。

◎ 中国工程院院长换届时，第一任院长朱光亚（左）（1994—1998）与第二任院长宋健（1998—2002）合影。物理学家朱光亚于1991—1996年担任中国科协主席。

◎ 1982年夏张光斗、吴仲华、罗沛霖和师昌绪倡议成立"中国工程与技术科学院"，1992年春张光斗、王大珩、张维、侯祥麟、罗沛霖和师昌绪再次提出建议。中国工程院于1994年成立。上图左起：王大珩、张维、侯祥麟、张光斗、师昌绪、罗沛霖。右图为1982年夏四位科学家在《光明日报》上发表的文章。

重建科技社团，恢复学术交流

改革开放后，出于对内对外学术交流的需要，在老科学家们的领导下，"文化大革命"期间停止活动的学会迅速恢复起来，学术期刊也陆续复刊，一大批新学会、新期刊如雨后春笋般迅速创建起来，很快营造起尊重知识、尊重人才、促进科学技术繁荣发展的良好氛围和条件。

◎ 1980 年 3 月中国科协第二次全国代表大会召开。参加会议的代表有 1500 名，是继全国科学大会后中国科技界的又一次盛会。

◎ 1979 年钢铁冶金专家、钢铁工程技术专家邵象华参加金属学会炼钢学术会议。

◎ 1979 年 11 月在中科院原子能研究所举行了中国核能学会筹备委员会第一次全体会议。

◎ 1978年，气象学家黄士松参加"全国热带气象学委员会成立大会"。

◎ 1979年9月，化学工程专家陈冠荣（左4）在广州参加研讨会。

◎ 1978年前后,《烟草科技通讯》创刊初期的主要成员合影，前排左2为朱尊权。1985年，中国烟草学会成立。

◎ 1979年12月中国光学学会成立，图为物理学家钱临照在大会上讲话。

◎ 1979年中国真空学会成立时，金建中（前排右3）与部分理事合影。

1978 年 9 月，中国地质学会在庐山举行了一次名为"第四纪冰川及第四纪地质"的学术活动，来自全国 100 多个科研、教学和生产单位的 280 多名代表参加。

◎ 古脊椎动物与古人类学家杨钟健在大　　◎ 考古学家贾兰坡（右1）等在交流。
姑冰期泥砾剖面前分析地质概况。

◎ 地质学家许杰在观察庐山冰川　　◎ 植物学家徐仁和青年人交谈。　　◎ 地质学家尹赞勋（中）和青年地质工作者
条痕石。　　　　　　　　　　　　　　　　　　　　　　　　　　　在一起。

重返国际科学界

　　老一代科学家们深知国际交流的重要性，深知只有在密切有效的国际交流中才能学到别人的长处，明确自己的方向。"文化大革命"后期特别是改革开放以来，他们利用与国际科技界的各种联系渠道，通过走出去、请进来等多种形式推动我国科技事业与国际先进水平接轨。

走出去

◎ 1972年12月，中国科学院派出以贝时璋（前排中）为团长的中国科学家代表团访问英国、瑞典、加拿大和美国，团员有张文裕、钱伟长、钱人元（前右二）等。这是"文化大革命"后中国科技界派出的第一个科学家代表团。

◎ 1975年4月，中国固体物理代表团访问美国时在阿岗实验室合影，后排右2为章综；前排右2为黄昆，右3为卢嘉锡，左3为王守武。

◎ 1975年11月，严济慈（右4）率中国科协代表团一行8人赴日访问，团员有郭慕孙（右3）、王成业、潘梁等。

◎ 1978年4月，肿瘤遗传学家吴旻参加医学代表团访问美国。团长吴恒兴，副团长李冰，后右三为吴旻。

◎ 1979年9月，吴孟超和吴阶平等四人带着卫生部提供的四千美元差旅费赴美参加第28届国际外科学术会议，归来后把剩余的两千美元上交。图左起：杨东岳、吴阶平、吴孟超。

◎ 1979年1月，曾德超在联合国工业发展组织于维也纳召开的"全球农业机械专家讨论会"上演讲。

◎ 1979年，煤地质学家杨起（右1）参加联合国在加拿大蒙特利尔市召开的"国际长远能源会议"。

◎ 1978年8月，吴浩青作为中国化学工作者代表团团长，率田昭武、查全性、杨文治、徐积功在匈牙利布达佩斯。

◎ 1980年，叶铭汉在普林斯顿大学参加高能物理实验研究。

◎ 1982 年 7 月,水文地质学家陈梦熊(右 2)参加在伦敦举行的第一届国际水文科学大会。

◎ 1985 年 10 月,中国气象学会代表团访问日本,气象学家王鹏飞在筑波大学作中国古代气候史报告。

◎ 1986 年,李恒德率领代表团到美国自然科学基金会访问考察,这也是中国自然科学基金会成立后和美国第一次接触。

◎ 1986 年,计算机科学与软件工程专家唐稚松在奥地利维也纳大学讲学。

请进来

◎ 1978 年，北京内燃机总厂欢迎日本小松制作所专家，刘源张（左1）开创了中国质量管理界国际合作的先例。

◎ 1978 年，中国土木工程学会邀请美国土工代表团来北京等地作报告，周镜（左1）接待美国专家。

◎ 1980 年，青藏高原科学讨论会在北京举行，有 80 多位国外学者参会。图为会议后美国科学家 T.L. 皮韦教授与地质学家刘东生（左2）同赴青藏高原考察。

◎ 1982 年 10 月，植物生理学家沈允钢
（左 3）等迎接来访的诺贝尔奖获得
者 M. 开尔文。

◎ 1985 年，庄逢甘在加州理工学院的老师、流体力
学家 H.W. 李普曼应邀来华讲课。

◎ 1991—1992 年，曾融生与美国同行合作，第一次
在青藏高原内部开展流动地震台站观测。

开辟新的科研方向

　　面对日新月异的世界科技发展格局，科学家们勇敢地承担起开辟新学科、发展新领域的重任，在科研一线奋战，在科技前沿耕耘，在世界新科技革命的大潮中奋力搏击、勇往直前。实验室、车间、田间地头乃至荒原漠野，处处活跃着科学家们的身影。

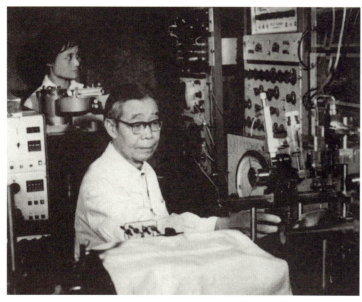

◎　1977年，70岁的神经生理学家张香桐在实验室做电生理试验。

◎　天文学家、南京紫金山天文台台长张钰哲1980年2月16日下午在云南观测日全食。

◎　1979年，核物理学家杨澄中（右）听取核物理学家魏宝文等人汇报工作。杨澄中领导建立了我国第一台质子静电加速器和高压倍加器。

◎ 天文学家王绶琯（右2）与中国科学院方毅院
长（中）、严东生副院长（左4）参与接待澳大
利亚天文学家。

◎ 天文学家叶叔华（中）与同事在讨论问题。

◎ 1988年，加速器物理学家谢家麟（左）、叶铭
汉（右）与美国能源部法勒教授（中）在北京
正负电子对撞机建成典礼上。

◎ 1982 年，鱼类学和水生生物学家伍献文（左）在淡水鱼博物馆和助手曹文宣观察裂腹鱼类标本。

◎ 1977 年，林学家和树木学家郑万钧在研究树种标本。

◎ 1982 年，化学家杨石先（后排左 3）、陈茹玉（后排左 2）等在南开大学研究工作。

◎ 1989 年，化学家张滂在国家自然科学基金委员会"七五"
重大项目验收会上发言。

◎ 1984 年前后，理论物理学家胡宁（右 3）和青年同事研究
基本粒子理论问题。

◎ 从 1975 年起，药物学家池志强坚持进行强效镇痛剂研究。

◎ 化学家周维善与青蒿素合成小组人员讨论工作。

167

从 1973 年开始，中国科学院组织各个学科科学家，进行了六次青藏高原综合考察，持续 20 年之久，培养了一批杰出的科学家，如郑度、李吉均、张新时、陈宜瑜、李文华、曹文宣、郑绵平、滕吉文、姚振兴、姚檀栋等。

◎ 1973 年，青藏高原综合考察队的创建者孙鸿烈（前右1）、王震寰（右1），武素功（前中）、王金享（前左）在高原东部采集植物标本。

◎ 1973 年，李文华（2排右1）等在西藏察隅考察。

◎ 1973 年，刘东生（前右1）、罗开富（前左1）、穆恩之等在超过海拔 5000 米的西藏浪子县考察卡惹拉悬冰川。

◎ 1973 年，水文学家章铭陶等考察途中横渡雅鲁藏布江上的藤网桥。

◎ 高登义在珠穆朗玛峰绒布冰川塔林考察。

◎ 1973 年，成立的考察队中，冯雪华（中）是我国首次到珠穆朗玛峰特高海拔地区考察的女队员之一。

◎ 尹集祥（左 2）在珠穆朗玛峰地区进行地质考察。

◎ 1987 年，考察队副队长郑度（右）和队员在观测昆仑山甜水海湿度及风速。

◎ 1983 年，土壤学家李连捷在延庆县北山坡考察古土壤。

◎ 1980 年 6 月，农业化学家彭加木（右）担任中国罗布泊科学考察队队长，首次穿越了全长 450 千米的罗布泊湖盆。在这次考察中，彭加木失踪。

◎ 1989 年 7 月，赵其国（右 2）等在黄淮海平原综合开发现场。

◎ 1986 年，昆虫学家尹文英在武夷山采集土壤动物标本。

◎ 1979 年，半导体
  电子学家王守觉
  研制成功了我国第
  一台大型电子智能
  游艺机 ——火箭
  炮游戏机。

◎ 1979 年，彭士禄在进
  行核动力计算。

◎ 1980 年，程庆国在他主持研究、设计和建设的红水河铁
  路斜拉桥上检查缆索防护层。

◎ 1986 年，陶诗言在中央气象台指导天气会商。

◎ 1989年，遗传育种学家李竞雄在沈阳考察玉米展示田。他选育成功的"中单2号"在全国推广3亿多亩。

◎ 1988年，金善宝在试验田中工作，他一生中选育出多种高产优质小麦品种。

◎ 1981年，细胞生物学家郝水（左3）在东北师范大学实验田里观察小麦生长情况。

◎ 20世纪80年代初，金善宝（左2）、庄巧生（右2）、赵洪璋（左1）、王恒立（右1）在"六五"国家小麦育种攻关期间的一次准备会议上。

◎ 1979 年，我国第一艘极地科学考察船
"向阳红 10 号"下水，1984 年该船远赴
南极，张炳炎为总设计师和研发者。图
为 1975 年他在"向阳红 5 号"上。

◎ 1983 年，石油地质学家李德
生与石油研究院同事研究渤海
湾盆地勘探部署。

◎ 1987 年，秦山核电站总负责
人欧阳予（右 1）和任家烈
（右 2）、潘际銮（右 3）、徐
济民（右 4）在秦山核电站安
全岛高空架上考察。

◎ 内科学家张孝骞是中国消化病学的奠基人。图
　为门诊时，张孝骞向患者询问病史。

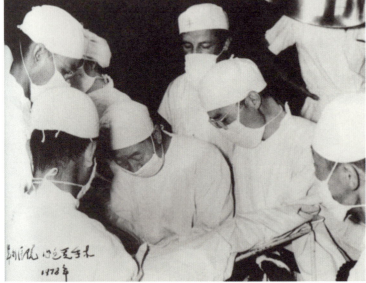

◎ 1978 年，胸心外科学家吴英恺（中）在北京阜
　外医院进行心血管手术。

◎ 1978 年，微 生 物、
　免疫及遗传工程专
　家黄翠芬（二排左3）
　筹办了全军第一个分
　子遗传学研究室。

◎ 1978 年，普通外科学专家黄志强（前排右 5）在西南医院举办了全国和全军肝胆外科高级研修班四期，推广胆道外科的诊疗技术。

◎ 1988 年 3 月 10 日 8 时 56 分，大陆首例试管婴儿在北京医科大学第三医院诞生。这项技术由妇产科专家张丽珠等人完成。

◎ 左上图为周同惠（左 2）陪同萨马兰奇视察中国兴奋剂检测实验室。左下图为 1986 —1987 年他在简易平房内建成的兴奋剂检测实验室。

◎ 1978年，飞机空气动力学家顾诵芬（右）和试飞大队长鹿鸣东在飞机上。顾诵芬是中国歼八飞机型号的总设计师。

◎ 1978年9月，俞大光（左）向国防科委副主任朱光亚（右）汇报工作。

◎ 1979年，自动控制专家黄纬禄被任命为中国核潜艇水下发射运载火箭的总设计师。图为黄纬禄在工作中。

◎ 20世纪80年代初，核物理学家于敏在堆积如山的数据资料中仔细研读分析。

◎ 1984 年 1 月，液体火箭发动机专家朱森
   元（左 2）等在西昌长征三号运载火箭发
   射我国第一颗同步定点轨道通信卫星的
   发射场上。

◎ 1984 年，核物理学家朱光亚在国
   防科工委办公室伏案工作。

◎ 1990 年，导弹与运载火箭专家谢
   光选被聘为"长征三号"技术总
   顾问。图为他在"长征三号"发射
   "一号"卫星前留影。

◎ 20 世纪 90 年代初，微电子学家李志坚在实验室工作。

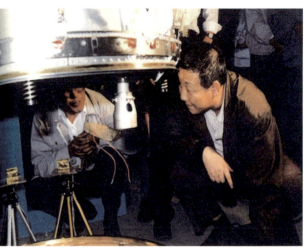

◎ 20 世纪 90 年代初，运载火箭与卫星技术专家孙家栋（前）在卫星生产厂房检查卫星生产情况。

◎ 1999 年 3 月 31 日，陆元九（左）在北京惯性导航测试中心实验室。

◎ 20 世纪 80 年代初，黄河水利委员会等联合举办河道整治高级研讨班。图为谢鉴衡在研讨班开学典礼上。

科技界的新生代

在科学的春天里，生在新中国、长在红旗下的中青年科学家携手登上科学舞台，成为 20 世纪八九十年代中国科技界的骨干力量。他们以攻城不怕坚、攻书莫畏难的英雄气概，积极投身推进科学技术现代化、攀登世界科技高峰的宏伟事业，既是科技前沿的主力军，也是经济建设领域的探索者。

科研工作的中坚力量

在 1980 年中国科学院新增补的 283 位学部委员中，最年轻的数学家杨乐 41 岁，最年轻的物理学家曲钦岳 45 岁，最年轻的化学家倪嘉缵 48 岁，最年轻的生物学家梁栋材 48 岁，最年轻的大气物理学家曾庆存 45 岁，最年轻的技术科学家高庆狮 46 岁。

◎ 杨乐（右）与张广厚 1965—1977 年合作发表 8 篇论文，在整函数和亚纯函数等方面取得创造性进展。

◎ 1991 年，曾庆存在大气物理研究所学术会议上。

◎ 梁栋材在研究胰岛素晶体结构。

◎ 1984 年，倪嘉缵（右）在
第五次学部大会期间与老师
顾冀东合影。

◎ 1986 年 7 月，曲钦岳（右 1）
率团出席在美国举办的第二
届中美大学校长讨论会。

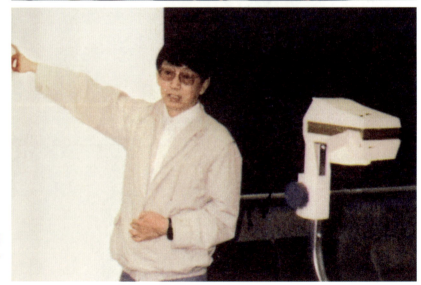

◎ 1979 年，高庆狮在美国
ICPP 会议上报告中国第一台
大型向量机情况。

◎ 数学家陈景润对"哥德巴赫猜想"问题进行了精心解析和科学推算。

◎ 20世纪80年代，光学、激光学家邓锡铭（左）研制成功大型高功率激光器"神光 –1"装置。

◎ 20世纪80年代，物理学家赵忠贤在实验室进行超导体样品的电磁性质的检测。

◎ 1979 年，路甬祥在德国亚琛工业大学液压机气动
研究所做学位论文试验。

◎ 1980 年，智能科学与复杂系统、模式识别专家戴汝为
在美国普渡大学作学术报告。

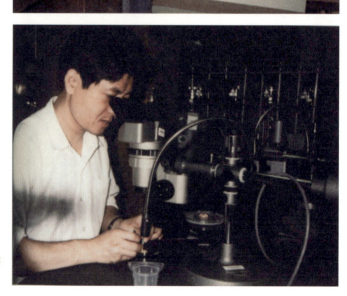

◎ 韩启德于 1985—1987 年在美国埃默里大学药
理系进修。

◎ 1978 年 11 月，作物遗传学家卢永根在菲律宾国际水稻研究所进行杂交试验。

◎ 1980 年，我国两位科学家首次踏上南极进行科学考察，其中之一为张青松（中）。

◎ 20 世纪 80 年代，汪闻韶在中国水利科
学院土动力实验室做土坝抗震实验。

◎ 从事光学传递函数研究并卓有所成的
蒋筑英积劳成疾，于 1982 年去世，
他是 80 年代知识分子的楷模。图为
他（右）与导师王大珩。

◎ 20 世纪 70 年代初，蒋新松率先从事
人工智能与机器人学研究，于 1997
年逝世在工作岗位上。

面向经济建设主战场

改革开放伊始，陈春先、王洪德、陈庆振等勇敢者率先走出科研院所，牵头创办了科海、京海、四通、信通等大陆第一批民营科技企业，积极探索科技成果转化的新途径。这批最早"吃螃蟹"的人，或成功、或失败，都在探索中国当代科技体制改革的艰难历程上留下了深深的印迹。

◎ 中科院物理所的陈春先（左图右1）受硅谷启发，于1980年10月创办了"等离子学会先进技术服务部"（右图），是中关村第一家科技人员创办的公司。

◎ 柳传志1984年创办了北京计算机新技术发展公司，即联想集团前身。

◎ 京海公司是中关村地区影响较大的民营科技企业。中为公司总经理王洪德。

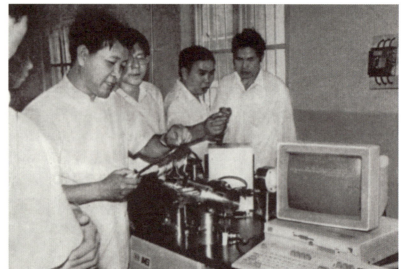

◎ 图为北京信通集团公司。

◎ 1987 年北京民办科技实
业家协会成立。

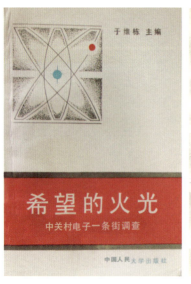

◎ 到 1986 年年底，中关村各类研发型公司已近 100
家，逐渐形成了闻名中外的"中关村电子一条街"。

海外游子

　　30 多年的岁月磨炼，当年留学海外滞留未归的莘莘学子，已成长为名动天下的科技翘楚。多年的政治隔阂、地域分割，没能隔断他们对祖国母亲的思念。中美关系解冻和中国的改革开放，使他们有机会成为中外科技交流的使者，为祖国的科学春天贡献自己的智慧和力量。

◎ 1957 年，杨振宁（左 1）、李政道（左 2）因提出"弱相互作用中宇称不守恒"观念被实验证明而共同获得诺贝尔物理学奖。

◎ 1986 年，杨振宁在北京科学会堂给来自全国各地的理论物理研究人员及研究生讲课。

◎ 1984 年 10 月，李政道（左 3）与叶铭汉（左 4）在北京正负电子对撞机奠基典礼上。

◎ 1973 年，吴健雄、袁家骝首次回到祖国，受到周恩来的亲切接见。

◎ 1982 年 2 月 15 日，胡耀邦在北京会见美籍物理学家丁肇中博士，并向他了解世界科技的发展趋势。

◎ 1972 年 7 月 7 日，美籍中国学者参观团抵京。当时虽已发表中美联合公报，但两国尚未建交，有些敌视中国的势力仍相当活跃。科学家们要组团访华的消息传开后，一些成员收到恐吓信，被迫放弃访华计划。团长任之恭坚定不移，于当年 6 月率领 12 名美国一流华人科学家及其家属，回到阔别多年的祖国，进行了为时约半月的访问。

美籍中国学者参观团抵京

新华社一九七二年七月七日讯 由团长、美国约翰霍布金斯应用物理学研究中心副主任、微波物理学家任之恭教授，副团长、麻省理工学院流体力学、天文物理学家林家翘教授率领的美籍中国学者参观团，来华进行观光、探亲，于今天晚上乘飞机到达北京。

参观团成员包括：戴振铎、王浩、张明觉、易家训、叶楷、王宪钟、张捷迁、刘子健、沈元壤、李祖安等学者，以及他们的家属，共计二十七人。

前往机场迎接的有关方面负责人、科学工作者和参观团成员的亲友有：周培源、秦力生、岳岱衡、张维、梁守槃、潘纯、张文裕、钱伟长、陶葆楷、刘大年、吴仲华、胡世华、郑丕留、王守武、王宪钧、傅承义、王天眷、叶笃正、洪朝生、张遹骏、张执一、田方增、秦元勋、朱永行、王治等。

参观团在抵京前，曾在广州、杭州和上海等地进行了参观访问。

◎ 1972 年任之恭在北京访问时与张奚若、周培源、钱端升和陈岱孙四家合影。

◎ 1972 年 9 月 16 日，来京访问的美国加州大学伯克利分校数学系教授陈省身与中科院领导及学者会面。前排左起：周培源、陈璞、吴有训、竺可桢、陈省身、郑士宁、于立群、章文晋、郭梦笔。中排左起：岳岱衡、张维、钱伟长、段学复、江泽涵、王竹溪、李光泽。后排左起：朱永行、张素诚、吴文俊、田方增、黄秀高。

◎ 图为 1979 年国内科学家会见来华访问的首位荣获菲尔兹奖的华裔数学家丘成桐教授。左起：朱士学、吴文俊、卢嘉锡、丘成桐、方毅、陆启铿、杨乐。

科技事业后继有人

　　"文化大革命"结束后，科研工作逐步复苏，人才断层问题日益突出，而社会上却积压了许多有志向学的可造之材。1977年恢复中断十年之久的高考制度，次年恢复研究生教育，再加上80年代出国留学大潮的兴起，为中国科技事业发展打开了重要的人才通道。这些青年科学家既有扎实的理论功底，又有丰富的社会阅历，很快就在各自的专业领域有所成就，在世纪之交成为我国科技事业的骨干力量。

从恢复高考开始

◎ 1977年8月，邓小平在北京主持召开科学和教育座谈会，在会上提出两条重要意见：一是重建国家科委，二是恢复高考。30多位著名科学家和教育工作者应邀出席。

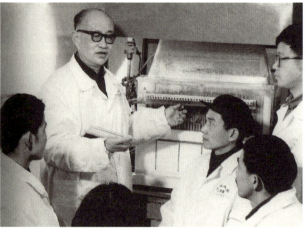

◎ 数学家苏步青第一个发言，反映复旦大学数学研究和教学遭到破坏。图为1978年苏步青在上海。

◎ 电化学家查全性提出了恢复高考的建议。图为70年代中期的查全性（左2）。

◎ 1977年冬天，570万名考生走进曾被关闭了十年的高考考场，其中27万人被录取走进大学校园，成为时代骄子。图为当时的高考考场。

中国自己培养的博士

随着科技事业的快速发展，培养新生人才、确保科研活动薪火相传成为最紧迫的任务之一。1978年我国恢复研究生教育，逐步建立起学位制度，老一代科学家们执鞭杏坛，花费大量心血培育英才。伴随着共和国学位制度的完善，一批批后起之秀迅速成长起来。

◎ 1983年5月27日，共和国首批博士学位获得者在人民大会堂合影。其中，唯一的工学博士冯玉琳因当时在美国读书没有出席。

◎ 马中骐参加博士论文答辩,他是新中国培养的第一位博士。

◎ 冯玉琳在唐稚松、仲萃豪指导下学习计算机软件专业,是新中国培养的第一位工学博士。图为冯玉琳在作报告。

◎ 谷超豪(右)与其指导的博士研究生洪家兴(左)在讨论。洪家兴是共和国首批博士之一,2003年当选为中国科学院院士。

◎ 徐功巧与导师、生物化学家邹承鲁。
徐功巧是新中国授予的第一位生物学
博士和第一位女博士。

共和国第一批博士（18位）

姓 名	出生时间	学位授予单位	导 师		学位论文题目	现工作单位
马中骐	1940.03	中国科学院数学物理学部	胡宁		SU（N）静态球对称规范场	中国科学院
谢惠民	1939.12	中国科学院数学物理学部	关肇直		一类半整数自由度级的非线性共振及其在电力系统中的应用	苏州大学
黄朝商	1939.01	中国科学院数学物理学部	戴元本		QCD和介子电磁形状因子的大动量行为	中国科学院
徐文耀	1944.01	中国科学院地学部	朱岗昆		高纬度区的电场和电流体系	中国科学院
徐功巧（女）	1942.09	中国科学院生物学部	邹承鲁		D-甘油醛-3-胖酸脱氢酶与辅酶NAD的关系——新荧光团的研究	加拿大多伦多大学
白志东	1943.11	中国科学技术大学	殷涌泉	陈希孺	随机变量的独立性及其应用	东北师范大学
赵林城	1942.11	中国科学技术大学	陈希孺		数理统计的大样本理论	中国科学技术大学
李尚志	1947.06	中国科学技术大学	曾肯成		关于若干有限单群的子群体系	北京航空航天大学
范洪义	1947.09	中国科学技术大学	阮图南		关于相干态的研究	中国科学技术大学
单墫	1943.11	中国科学技术大学	王元	曾肯成	关于素数幂和的一个问题	南京师范大学
苏淳	1945.10	中国科学技术大学	陈希孺		关于分布函数和极限理论的研究	中国科学技术大学
洪家兴	1942.01	复旦大学	谷超豪		蜕型面为特征的微分子算子的边值问题	复旦大学
李绍宽	1941.12	复旦大学	夏道行	严绍宗	关于非正常算子和有关问题	东华大学
张萌南	1942.02	复旦大学	夏道行	严绍宗	关于非局部紧群的拟不变测度理论	复旦大学
童裕孙	1943.12	复旦大学	夏道行	严绍宗	不定度规空间上线形算子谱理论的若干结果	复旦大学
王建磐	1949.01	华东师范大学	曹锡华		G/B上的层上同调与Weyl模的张量积、余诱导表示与超代数br的内射模	华东师范大学
于秀源	1942.02	山东大学	潘承洞		代数函数对数的线性形式	衢州职业技术学院
冯玉琳	1942.07	中国科学院技术科学部	唐稚松		程序逻辑和程序正确性证明	中国科学院

◎ 1978 年，中国科学院副院长、研究生院院长严济慈（右 1）在主持教学部主任、副主任开会。这些主任、副主任都由著名科学家兼任。

◎ 植物生理学家汤佩松在指导研究生做实验。

◎ 1978 年 10 月，历史地理学家侯仁之（左 2）带领第一批入学的三名北京大学历史地理专业研究生在圆明园遗址考察，讲授第一课。

◎ 李政道教授在中国科学院研究生院讲授"粒子物理"和"统计力学"课程。

◎ 1979 年，数学家苏步青在为复旦大学数学系研究生上课。

◎ 1979年，石油化工科学研究院恢复研究生制度。分析化学家陆婉珍亲自编写讲稿，三个学期每周四小时的研究生课程，没落下一节。

◎ 1988年，电子学家保铮（前左）在西安电子科技大学与学生一起研制雷达信号处理器。

◎ 1980年，微波理论学家林为干（左3）与成都电讯工程学院科研组的师生一起讨论科研成果。

◎ 1981年，固体地球物理学家曾融生与国家地震局地球物理研究所的第一批毕业研究生合影。

◎ 王正元（左）、王正宇（中）、王正治三兄妹在同一年考上了
中科院研究生院，分别专攻半导体、计算机和天文专业。

◎ 1982 年，电磁场与微波技术专家陈敬熊、张志英等航天雷达专
家开始招收研究生。

◎ 1978 年，中国科大创建少年班，培养智力超常少年（年龄在
15 岁以下）。据不完全统计，30 多年来已毕业 1000 余人，约
20% 选择科学研究作为终身职业。

◎ 1994 年，中国科技大学博士、硕士学位授予典礼。

新时期的留学潮

　　向四个现代化进军需要大量高级科技人才，仅靠国内培养是远远不够的。1978 年 6 月 23 日，邓小平指示"我赞成留学生的数量增大"、"要千方百计加快步伐"。在改革开放春风的带动下，大批年轻学子走出国门，迅速跟上世界科技发展的步伐。

◎ 图为上海交通大学 1982 年出国留学生班，学员均由范绪箕校长选出。

◎ 图为"文化大革命"后第一位获得西方博士学位的大陆留学生郭爱克。1977 年 9 月，中国科学院开始派出访问学者、研究生。郭爱克被派赴慕尼黑大学进修，后在导师建议下做博士论文，于 1979 年 9 月以特优的总成绩获得该校自然科学博士学位，论文题目为《丽蝇视细胞的光谱和偏振光灵敏度的电生理研究》。德国朋友们给他戴上了自制的博士帽，上面停着一只丽蝇模型。

CUSPEA计划

1980 年元月，李政道向方毅提出联合美国部分大学在中国每年录取约 100 名物理研究生的 CUSPEA 计划。到 1988 年该项目结束时，共有 918 名研究生被录取到美国 76 所大学攻读物理学博士学位。李政道曾说：CUSPEA 计划是我一生中做得最有价值的事，对我个人来说，它要比我发现宇称不守恒更加重要。

◎ 左图为 1980 年李政道写给 CUSPEA 学生的信。右图为李政道和 CUSPEA 的中方工作人员合影。

◎ 任海沧（左）和徐依协分别以第一名和第三名的成绩，考取美国哥伦比亚大学物理系研究生。　　◎ 图为 1980 年 CUSPEA 的考试题。

CUSBEA计划

1981 年 3 月,美国康奈尔大学生物化学系主任、我国著名生化学家吴宪之子吴瑞等人致信蒋南翔和严济慈,提出设立 CUSBEA 计划,选拔中国相关学科的优秀学生赴美国接受博士训练。从 1982 年首次派遣到 1989 年最后一次派遣,CUSBEA 计划共派出 425 人,其中很多成为生命科学领域的国际知名专家。

◎ 1982 年 5 月首届 CUSBEA 赴美研究生合影。

◎ CUSBEA 学者孙晓红（左）和吴瑞（右）在一起。孙晓红现在是美国俄克拉荷马医学研究院的教授,并担任北京大学医学部客座教授。

◎ 1983 年，刘劲松（右图）作为上海第一医学院的研究生被推荐参加当年的 CUSBEA 考试（下图），并于次年赴美留学。他现在是美国得克萨斯大学病理学系教授、临床病理学家。

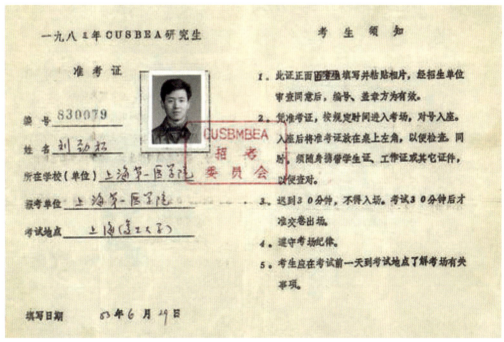

　　除 CUSPEA 计划和 CUSBEA 计划外，多林教授于 1981 年发起的中美化学研究生计划，丁肇中教授于 1982 年发起的实验物理研究生培养计划，陈省身教授于 1982 年倡议并组织实施的赴美数学研究生项目等，都为中国培养了大批优秀专业人才。

　　由于公派留学生和中美各种合作项目的名额十分有限，无法满足成千上万试图走出国门体会发展潮流的青年学生，1981 年 1 月，国务院发文正式肯定自费留学渠道，大批华夏学子通过这种方式走向世界。

　　到 1992 年年底，回国留学人员共约 5 万人。他们在国外良好的科研环境下直接参加高层次科研工作，作出了具有较高水平的科研成果，很多人回国后成为影响卓著的学科带头人。

站在世纪之交，回首百年征程，中国人民通过艰苦奋斗终于赢得了一个全新的、美好的起点，走进充满希望的新世纪。在人才强国的号角声中，科学家们始终怀着强烈的责任感和使命感，保持着奋斗不息的壮志豪情，以严谨的科学精神和无私奉献的人格魅力感召着后辈学人进取向上，不断开创我国科技事业新的辉煌篇章。

第五章
走进新世纪
（21世纪以来）

百年科技梦

　　跨入 21 世纪，回望 19 世纪末以来中国科技事业经历的艰难历程，我们总会被这样一批人所感动：他们怀抱着科学救国的梦想，以卓绝的勇气与不拔的毅力坚持不懈地向着理想的新中国奋进。无数科学家的个人梦想与奋斗凝聚成科学报国的宏伟篇章，最终汇入近代以来中华民族争取解放和复兴的历史洪流之中。顺历史潮流而动，昨天的梦想已经成为现实；沿复兴之路前行，美好的未来靠我们去创造！

伍连德

◎ 中国幅员广阔，倘能医校林立，人人均具有普通卫生知识，实为万幸之事。（1913 年）

任鸿隽

◎ 请诸君做一个短梦，看一看中国科学社未来的会所，这会所盖在中国一个山水幽胜，交通便利的地方。外观虽不甚华丽，里面却宏敞深富，恐比现在美国麻省工业学校新建的校舍不相上下，其中有图书馆，有博物馆，其余则分门别类，设了几十个实验室，请了许多本社最有学问的社员，照培根的方法，在实验室研究世界上科学家未经解决的问题，本社所出的期刊书籍，不但为学校的参考书，且为各种科学研究的根据，由现在的中国科学社，到我们想象中的科学社，须经历几多岁月，全看我们社员的热力，与社会效公心了。（1917 年）

1911	1913	1917	1922
辛亥革命	地质调查所成立	中国科学社成立	壬戌学制颁布

陈焕镛

◎ 我国人所得之标本，往往因无以名之，不得不寄往他国定名。如植物学名末尾一字为 Japonica 者，皆指日本所产，实则大都产于我国。……此事实甚可耻，今后吾人应更改之!（1922年）

钱伟长

◎ 高中毕业后，我的兴趣全在文史国学方面，一心想报考名教授众多的清华大学文学院。可是，开学后的第三天就发生了"九一八"事变。国难当头，热血奔涌，我下定决心"弃文学理"，改学物理。我要用自己的聪明才智造出中国人自己先进的武器，赶走凶残的侵略者。（1931年）

1928

国立中央研究院成立

杨杏佛

◎ 我个人生活中最大的梦想，是希望建设一个儿童的乐园。在一个有山水田林的环境里，有工厂农田实验室图书馆游乐场与运动等的设备，使儿童由四五岁至20岁（由幼稚园至高中的年龄）都在乐园里受教育与工作的训练，养成科学的人生观，为未来科学大同世界的主人翁。自然这种组织应当普遍，其详细的计划这里也讲不完。（1932年）

丁文江

◎ 以上所举的矿物，种类虽然不多，却都是根本原料，中国地质学者若是果然能把它们逐一的发现，使我们样样能够自给，就是新中国真正的功臣。（1935年）

1937

抗日战争全面爆发

蒋锡夔

◎ 虽已成了这一片甜酸苦辣的气质，我的眼睛总是亮的。理性是惊觉的，四方是排山倒海的波流，我已懂得我的思想体系已开始改组，我是一个不容分离的整体。在历史前进的步伐里，我是不容自己落后的。有一个问题至今未解决，出国后研究工业化学，还是纯学术化学。我懂得将来的中国是怎样的需要工业人才，然而也懂得自身气质是适合于怎样一种生活方式。无论如何，他日为祖国人民服务，是已下了决心了。（1948 年）

秉志

◎ 我盼望凡治科学者，都存一奋斗到底之决心，万不可偶因人事上之牵连，使其工作中止。国内务须有多数之终身埋头苦干之科学研究者，方能使科学基础巩固，方能使研究空气浓厚，方能使大队青年，训练成科学专家，应付国家建设之需求。希望政府提倡于上，并希望科学同人，自己策励，互相劝勉，共赴一的。（1955 年）

袁隆平

◎ 我梦见我种的水稻长得比高粱还长，比扫帚还长，子粒比花生还大，很高兴，我就在稻穗下乘凉。这是我的一个梦，现实还差得远。（20 世纪 60 年代）

1949	1956	1959	1964	1965
中华人民共和国成立 中国科学院成立	制订十二年科技 发展远景规划	大庆油田 出油	中国第一颗原子弹 成功爆炸	首次人工合成 结晶牛胰岛素

郭沫若

◎ 这部伟大的历史巨著，正待我们全体科学工作者和全国各族人民来共同努力，继续创造。它不是写在有限的纸上，而是写在无限的宇宙之间。（1978年）

王选

◎ 我的一生有10个梦想，5个成为现实，另外5个需要我与年轻人共同实现。（20世纪80年代）

1973	1984	1988	1999
成功培育出籼型杂交水稻	首次进行南极科学考察	正负电子对撞机建成	第一艘载人试验飞船升空 参与国际人类基因组计划

国家最高奖

从科学救国到科技报国再到科技强国，百年追梦，科技界英才辈出。2000 年，国家设立最高科学技术奖，以表彰英杰、激励来者。这是中国科技界的最高奖项，是国家和人民给予科学家们的崇高荣誉。他们是科技梦的代言人，更是中国梦的践行者。

吴文俊

◎ 出生于 1919 年，数学家

中国科学院院士

在中国科学家中，他可能是一生中讲话总量最少的一位，但他取得的学术成果的水平却始终居于最高位。他曾在留学时期引发一场"拓扑地震"；80 年代从研究中国数学史中得到启发，开创了数学机械化研究的新领域。他始终坚持着："我必须思考这样一个问题，怎样可以找到自己进行研究的道路。"

袁隆平

◎ 出生于 1930 年，杂交水稻专家

中国工程院院士

上小学时从一次园艺参观中产生了兴趣，把他引上了终生"务农"的不归路。从学习遗传学经典起步，进而挑战经典，在田野中撒下无数的汗水，在人生中抓住有限的机遇，成就了这位育种学家。他不仅把论文写在纸上，更写在田野上。

黄 昆

◎ 1919—2005 年，物理学家

中国科学院院士

他一生都在科学的世界里探求真谛，一生都在默默地传递着知识的薪火；面对名利的起落，他处之淡然，以淡泊名利和率真的人生态度诠释了一个科学家的人格本质。

王 选

◎ 1937—2006 年，汉字激光照排系统创始人

中国科学院院士、中国工程院院士

在新科技革命大潮当中，他劈风斩浪，告别了铅与火，打开了一条数字化之路。后来者将沿着这条路继续前行，与发达国家争锋。

金怡濂

◎ 出生于 1929 年，高性能计算机领域专家
中国工程院院士
中学毕业时，同学们评价他 "思维敏捷，数理尤精，
且言出行随"。现在，他以实际行动，践行着 "研制一
代机器、培养一流人才" 的庄严承诺。

刘东生

◎ 1917—2008 年，地球环境科学家
中国科学院院士
几十年，他沉迷于黄土的研究，将其看作巨大的地质文献
库，致力于解开其中所蕴藏的地球环境变化信息。正如人
们所说："他把黄土看成自己的生命。"

王永志

◎ 出生于 1932 年，航天技术专家
中国工程院院士
载人航天是一项复杂的大科学工程，汇集着众
多科技工作者的心血—他们为中国载人航天事
业的开拓和进步作出了重要贡献，而他正是其
中的佼佼者之一。

叶笃正

◎ 1916—2013 年，气象学家

中国科学院院士

风云变幻在世人眼中是天地造化，而他却将中国的气象学研究变成了一个系统工程，将毕生精力贡献于此。由于这份努力，中国的气象科研始终与世界保持同步。

吴孟超

◎ 出生于 1922 年，肝脏外科专家

中国科学院院士

他在南洋长大，却在抗日战争最艰苦的时期归国求学，选定肝胆外科为发展方向。多年来，他一直把病人放在第一位，有人说："从吴孟超身上看到了中国医疗界的良心和光明。"

李振声

◎ 出生于 1931 年，遗传学家

中国科学院院士

"中国人能养活自己！现在如此，将来我们相信凭着中国正确的政策和科技与经济的发展，也必然能够自己养活自己！"这是他面向世界发出的庄重宣言。

闵恩泽

◎ 出生于1924年，石油化工催化剂专家
中国科学院院士、中国工程院院士
石油是现代工业的血液。作为一名石化专家，他一向有甘心奉献的自觉："把自己的一生与国家的建设、人民的需要结合，是我最大的幸福。"他的人生始终与祖国炼油催化事业的发展紧密相连。

吴征镒

◎ 1916—2013年，植物学家
中国科学院院士
在战火纷飞的抗战岁月中，他在西南联大建立的简陋标本室仍然拥有两万多号标本；他曾在10年里制作了一套3万余张的中国植物卡片，放满了整整80个标准卡片盒，重达300千克，成为后来《中国植物志》最基本的资料之一。

王忠诚

◎ 1925—2012年，神经外科专家
中国工程院院士
"当医生必须有技术，但首先是要有服务精神，必须把病人放在第一位，为病人提供最佳的治疗方案。"

徐光宪

◎ 出生于1920年，化学家
中国科学院院士
几十年来，为适应国家需要，他四次变更科研方向，每次都能看准前沿，迅速取得累累硕果。这一切来自于他有为祖国科研事业作出贡献的强大精神驱动力，也来自于他那广博深厚的学科基础。

谷超豪

◎ 1926—2012 年，数学家
中国科学院院士

他是一位 14 岁即投身革命的共产党人，同时更是一位影响了中国当代数学的发展、具有全局眼光与战略视野的数学家。他认为数学不仅为其他科学提供语言、观念和工具，更是一种文化，"在人类理性地认识世界的过程中起着重要的作用"。

孙家栋

◎ 出生于 1929 年，运载火箭与卫星技术专家
中国科学院院士

据说，中国的卫星能打多高，国外华人的头就能抬多高。这句话一直激励着他努力奋进："搞了一辈子航天，航天已经像我的'爱好'一样，这辈子都不会离开了。"

师昌绪

◎ 出生于 1920 年，金属学及材料科学家
中国科学院院士、中国工程院院士

经常被人称为"与各种材料打了一辈子交道的特殊材料"。的确，他正是一块对国家、对民族有着深厚感情的特殊材料。

王振义

◎ 出生于 1924 年，内科血液学家
中国工程院院士

20 世纪 80 年代，日本偶像剧《血疑》风靡亚洲，无数观众通过这部当年热播的电视剧，知道了可怕的"血癌"。而在同一时期，这位中国医生用独创的全反式维甲酸治疗法救治了首例急性早幼粒细胞白血病患者。

谢家麟

◎ 出生于 1920 年，加速器物理学家
中国科学院院士
"为人做事，一定要勇于走向未知的领域，敢于承担独立攻关的责任。为人既不可狂妄自大，也不要妄自菲薄；你也许并不知道经过努力奋斗后你的能力极限在哪里。"

吴良镛

◎ 出生于 1922 年，建筑学家
中国科学院院士、中国工程院院士
"我们在全球化的进程中，学习吸取先进的科学技术，创造全球的优秀文化的同时，更要有一种文化自觉意识、文化自尊态度、文化自强的精神。"

郑哲敏

◎ 出生于 1924 年，力学家
中国科学院院士、中国工程院院士
"科研有突破的那一刻很快乐，但是更多的时候很苦、很枯燥，在一遍又一遍的错误中寻求突破，在反反复复的试验中总结创新。"

王小谟

◎ 出生于 1938 年，雷达工程专家
中国工程院院士
"我多次到美国出差，无论是旧金山、洛杉矶还是纽约、华盛顿，从事高科技工作的大多是中国人。中国人不笨啊！关键要有赶超国际先进技术的雄心壮志，并很好地组织起来，创造好一些的工作环境。"

新世纪新起点

　　科技前沿永无止境，民族复兴号角长鸣，新一代科学家正在接过前辈的接力棒，奋战在世界科技革命的前沿。他们是轻装上阵的一代，更是装备精良的一代，在国家的稳定支持和社会公众的充分理解下，他们必将取得更多更大的科研成果，在更高的起点上为中国梦的实现奉献上一幅浓墨重彩的恢弘画卷、一曲昂扬奋进的嘹亮乐章！

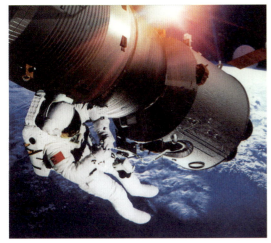

◎ 中国迈出太空行走第一步。

◎ 中国高速铁路网初具规模跨入引领世界的高铁时代。

◎ "蛟龙"号下潜突破 7000 米。

◎ 我国建成世界上最大的种质资源库。

◎ 量子通信实验领域取得重大进展。　◎ 中国科考队登上南极冰盖最高点。

◎ 世界上海拔最高、线路最长的高原铁路——青藏铁路。　◎ 天宫一号与神舟飞船对接。

◎ "辽宁号"航母成功进行舰载机起降训练。　◎ 长江三峡水利枢纽工程建成。

多彩人生

◎ 1978年全国科学大会期间，翁心植建议成立专门组织，领导全国开展控烟运动。1981年3月中国吸烟与健康协会筹备组成立，翁心植（前排右1）任副组长。

◎ 1984年，侯仁之首次建议将北京周口店中国猿人遗址、八达岭长城和故宫博物院作为中国文化和自然遗产列入《世界保护公约》。

◎ 1984年12月,时任北师大校长的王梓坤提出教师应该有自己的节日。1985年1月21日,第六届全国人大常委会第九次会议作出决议,将每年的9月10日定为教师节。

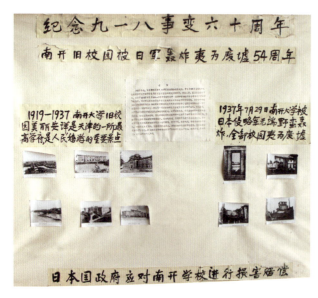

◎ 1991年申泮文为纪念九一八事变六十周年亲手制作的展板。

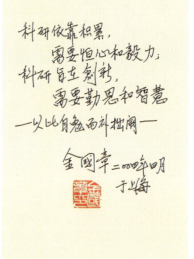

◎ 金国章题字,这也是他多年科研生涯的写照。

◎ 王绶琯向学生们讲授天文学知识。

◎ 陆婉珍和闵恩泽已先后捐出30万元,设立"恩泽奖学金"。

◎ 2006年尹文英做科普报告。

◎ 2006年沈允钢在给学生讲科普知识。

◎ 2005年黄翠芬在广州培正中学做报告。

◎ 为了让外公早点下班，彭士禄的外孙与他签订合同。

◎ 王忠诚与家人在一起。

◎ 1989年王文采在其瑞典女儿家为来访客人演奏二胡。右图为王文采所绘山水图两幅。

◎ 程天民爱好书画、篆刻。

◎ 99岁高龄的范绪箕神采奕奕，每天坚持上班。

◎ 1987年，黄培云与哥哥黄培熙在美国洛杉矶相聚，想
起当年两人推手，重温旧事。

◎ 1990年田在艺远赴瑞士参加国际岩石圈会议，在基亚索（Chiasso）
河谷地区进行地质考察。

◎ 70岁时张宏达登上喜马拉雅山考察植被。

结束语

　　回首百年，峰回路转，几代科学家的多彩人生和鲜活经历，从不同角度展现出20世纪中华民族伟大复兴特别是科技发展史上的重大事件，展示了中国科学技术发展的曲折和辉煌，更让我们看到了明天的希望。通过不同时期科学家们的人生轨迹和百年来中国科学技术的发展历程，我们切身感受到严谨求实、开拓创新的科学精神的光芒，感受到科学家们立业报国、无怨无悔的赤子之心。科学技术并不仅仅存在于远离日常生活的实验室里，而是与社会建设、国家富强息息相关，科学家们的个人学术生涯与人生际遇同国家、民族、社会、科研交织融合，为我们谱写了一曲感人至深的爱国敬业交响曲。溯往知来，有这样的科学精神和爱国情怀，我们的科技事业和国家发展必将赢得更加美好的未来！中国梦，是人民的梦，更是科学家们的梦，是科技强国的梦！

　　为系统收集整理老科学家们保存的珍贵资料，更好地推进科学文化和创新文化建设，根据国务院领导同志的指示精神，在财政部的支持下，中国科协于2010年牵头联合中组部、教育部、科技部、工信部、文化部、国资委、解放军总政治部、中科院、工程院、基金委等十一个部委，共同启动了"老科学家学术成长资料采集工程"，先后有千余人以对历史负责、对科学家负责、对未来负责的高度使命感投入其中，对300余位老科学家开展了采集工作，极大地丰富和深化了我们对中国现代科技发展历史与现状的认识，为深入研究科技人才成长规律和科技发展规律、宣传优秀科技人物的崇高精神和爱国情怀，积累了大量生动翔实的宝贵资料。本次展览所展示的全部音视频资料、实物资料和大部分图片资料即来自采集工程成果。希望有更多的人和我们一起，致力于采集工程，让中国科学家的科学精神与报国之心能够世世代代弘扬与传承下去。

主题展在国博

◎ 陈可冀院士参观展览

◎ 小观众参观展览

◎ 郁铭芳院士参观展览

◎ 周先庚家属等参观展览

◎ 陈清如院士参观展览

部分巡展照片

传扬倡弘 科科科走
学导扬进 学学学科

想科科科
神学学学
德生道人
思学
精学
学

◎ 2014年4月10日《科技梦·中国梦——中国现代科学家主题展》全国巡展活动在西安正式启动

◎ 87岁高龄的中科院院士沈允钢应邀参观

◎ 中国科学院院士胡仁宇正在参观

◎ 院士家属周静若参观

◎ 由科技史研究者为观众讲解

◎ 呼和浩特民族讲解员团队

◎ 郑州科普志愿者正在认真讲解

◎ 呼和浩特站

◎ 阿拉尔站

◎ 固原站

◎ 长春站

◎ 合肥站

◎ 哈尔滨站

◎ 昆明站

◎ 南京站

◎ 南宁站

◎ 沈阳站

◎ 石河子站

◎ 石家庄站

◎ 武汉站

◎ 昆明小学生参观

◎ 兰州大学生参观

◎ 绵阳站中学新生参观

◎ 苏州大学生参观

◎ 宁波科协退休老干部参观

◎ 天津站南开大学参观现场

◎ 新疆站官兵参观

◎ 南宁站科技大讲堂

◎ 太原站报告会现场

◎ 南京站启动仪式

后记

　　"科技梦·中国梦——中国现代科学家主题展"（以下简称"主题展"）是新中国第一次以科学家群体为主题的展览，集中展示了中国现代科学家群体形成、演进及其对中国科技事业所作突出贡献。2013 年 12 月 15 日，"主题展"在中国国家博物馆隆重开幕，历时月余，得到社会各界的广泛关注和高度评价，先后两次应公众要求延长展期，累计接待中外观众近 3 万人次。在随后的 500 多天里，"主题展"走遍全国 26 个省（自治区、直辖市）31 个城市，百万余人次走进展览，回望科学家群体的坎坷征程，倾听科学大师的感人故事，感受科学精神的无穷魅力。

　　值得说明的是，"主题展"中所有音视频资料、实物资料和大部分图片资料全部来自"老科学家学术成长资料采集工程"。这项工程经国务院批准，由中国科协于 2009 年发起并联合中组部等 11 个部委共同实施，以尊重科学、尊重历史为出发点，以担负弘扬科学精神、培育科学文化的社会责任，先后组织 3000 余位专业学者和科研人员对中国老科学家群体进行系统的文献和实物资料采集、学术研究和学术传记撰写，完成 400 余位老科学家学术资料的采集工作，获得实物原件资料 73968 多件、数字化资料 178326 余件、视频资料 4037 小时、音频资料 4963 小时，是名副其实的社会工程、民心工程。目前，中国科协正在积极筹建中国科学家博物馆，着力打造全国科技工作者的精神殿堂和情感家园。

天下大事，必作于细。以"主题展"为基础，我们精心策划了《科技梦·中国梦——中国现代科学家主题展画册》，全面呈现展览的主要内容，为读者展现一幅中国百年科学发展历史的宏伟画卷，为中国科技史研究积累扎实的史料。我们还将充分利用互联网的优势，积极探索更为鲜活、便捷的展示形式，开发更为贴合实际需求的展示载体，让更多的社会公众走进科学家的内心世界，感受科学精神和科学文化的魅力。

感谢李约瑟研究所慷慨同意展览编撰组使用若干珍贵照片，使广大观众和读者更真切地了解抗日战争时期中国科学家的艰苦状态。

百年梦想，永久记忆！

2016 年 10 月